Wie immer freuen wir uns über Ihre Meinung zu diesem Buch. Bitte schreiben Sie an Susanne Bühler *(sb@diogenes.ch),* gern mit Ihrem vollen Namen und der Adresse Ihrer Buchhandlung.

Herzlichen Dank!

Erscheint im **Oktober** 2008

Sperrfrist: Bitte nicht vor dem 19.9.2008 besprechen

Françoise Dorner

Die Frau in der hinteren Reihe

Roman

Aus dem Französischen von Christel Gersch

Diogenes

Titel der 2004 bei Albin Michel,
Paris, erschienenen Originalausgabe:
›La fille du rang derrière‹

Umschlagillustration von Sempé

www.diogenes.ch
70/08/8/1
ISBN 978 3 257 86178 5

Entstehung: zwei zärtliche Stunden in einem Kurort
Geburt: zu früh
Schulbildung: zu kurz
Unschuld: vergessen
Hochzeit: in Weiß
Scheidung: im Gange
Arbeit: vorhanden
Gesellschaftliches Leben: nicht vorhanden
Mutter: will meine Tochter sein
Vater: kennt mich nicht
Kinder: nach Ablehnung des ersten hat keins sich mehr einstellen wollen
Familie: siehe oben
Gesundheit: verbietet alles, was Spaß macht
Tod: schief gelaufen

Meine Mutter hat gesagt, dass ich ein Buch schreiben soll. Damit was bleibt von der Familie. Nur, wenn es gar keine Familie gibt? Und was hätte ich denn groß zu sagen? Nichts eigentlich. Und das geht niemand was an. Also besser ein Roman, habe ich gedacht … Eine rein erfundene Geschichte. Dutzende hab ich gelesen, verschlungen habe ich sie, monatelang. Und nicht etwa nur von Schriftstellern, die tot sind, nein: von heute lebenden, mit Foto.

Eines Tages hörte ich im Radio eine Autorin – und warf meine sämtlichen Stifte weg. Ich kaufte mir auf Abzahlung einen Computer. Sie macht alles am Bildschirm, hat sie gesagt. Schön, einen Bildschirm hatte ich nun auch. Aber dann habe ich Spiele gespielt und mit allen möglichen Leuten gechattet, bloß geschrieben kein kleines bisschen. Also habe ich neues Schreibzeug angeschafft und mich jeden Morgen – eine graue Wand vor der Nase – mit gezücktem Stift vor einen weißen Bogen gesetzt, und los sollte es gehen mit Sex, Leidenschaft und Tod, mit Müttern, Doppelleben, Kriminalität, Triumph und Bruchlandung. Nach zehn Tagen hatte ich, mit lauter Durchgestrichenem dazwischen, ganze zwei Zeilen stehen. Ich brachte es nicht über mich, sie noch einmal durchzulesen. Habe alles in den Papierkorb geworfen. Und als ich den Inhalt in die Altpapiertonne schüttete, fragte ich mich, ob aus meinem Romanentwurf wohl eines Tages wieder ein weißes Blatt werden würde.

Heute Morgen habe ich mich für gesund erklärt und mich im Kiosk wieder mit Gisèle abgewechselt.

Die Wohnung ist wie leer gefegt. Ich hause drin, so gut ich kann. Ohne die Dinge, die meinem Mann gehörten, ist mir, als ob ich verloren zwischen Vergangenheit und Zukunft treibe. Sein Blick fehlt mir, auch wenn er mir weiter keine Beachtung mehr geschenkt hat. Ohne ihn habe ich kein Alter. Ich könnte genauso gut fünfundneunzig wie vier Monate sein. Was im Moment nicht das Schlechteste wäre. Du schlägst die Augen auf, babbelst, nuckelst, wirst gewiegt, kriegst killekille gemacht, ein Bravo fürs Bäuerchen, das Pipi fein in die Windel mit garantiertem Auslaufschutz … du lässt dich vergöttern und spreizt die Beinchen, um dich frisch pampern zu lassen. Leider ohne Puder. Das macht man wohl nicht mehr.

Gisèle sagt, ich sei ganz weit weg gewesen. Aber ich bin nirgends gewesen. Und wie es mit mir weitergeht, keine Ahnung. Ich weiß nicht mal mehr, was ich mir wünsche. Im Grunde auch gut so.

Am Sonntag klingelte es. Obwohl ich sonst übervorsichtig bin , habe ich mit einem Kochtopf in der Hand die Wohnungstür geöffnet. In Socken und abgetragenem Morgenmantel, die Augen von einer Creme verschwollen, die ich getestet hatte – eine Probe zum Glück, sonst wären siebenundsiebzig Euro flöten gewesen –, Zahnpasta um den Mund, weil ich mir jeden Abend, jeden Morgen und immer noch zwischendurch die Zähne putze, seitdem Gisèle, die als Halbtagskraft in einer Zahnarztpraxis arbeitet, mir erklärt hat, dass einem sonst eines Tages die ganze Pracht ausfällt, ohne dass man was machen kann. Vor mir auf der Matte stand der Mieter von unter mir – so der Typ Krankenträger in der Serie *Die Necker-Klinik* – und brüllte, ich hätte einen Rohrbruch und sein schöner weißer Teppichbelag sei futsch. Er kam rein und betrachtete sich die Leitungen. Aber bei mir war nichts. Es kam von dem Ehepaar nebenan, das noch im Urlaub war und wie üblich vergessen hatte, das Wasser richtig abzudrehen. Mein Nachbar hat sich entschuldigt, er wollte mich zum Essen einladen, ich habe abgelehnt in der Hoffnung, dass er die Einladung wiederholt. Hat er aber nicht. Und mir ist in dem Moment aufgegangen, dass ich aus dem Alter, nein zu sagen – und sei's auf einen Kaffee –, heraus bin und dass niemand mir einen Kipplaster voll Blumen schicken wird, damit ich mein Nein bereue.

Die nächste Einladung, das schwöre ich, wird angenommen. Noch bevor der Typ überhaupt was sagt. Aber nur zum Essen. Was das Weitergehende betrifft, da wird man sich doch wohl erst fragen müssen ... Ach, gar nichts wird gefragt.

Ich habe einen Brief von ihm aus China bekommen. Mein Mann ist glücklich, schreibt er. Er war mit dem Betriebsrat des Pariser Pressegroßhandels nach Hongkong geflogen; dort, sagt er, lebe er seinen Traum jetzt mit einer Anderen, und er sei mir nicht mehr böse. Na ja, nicht mehr so sehr. Wegen der Scheidung, sagt er, das würden wir dann nach seiner Rückkehr sehen. Falls er zurückkehrt. Denn zum ersten Mal in seinem Leben, sagt er, fühle er sich nicht fehl am Platz. Schlage in dem Land sogar schon Wurzeln. Danach kamen nur noch chinesische Schriftzeichen. Was ich nun weniger lustig fand, aber nachdem ich den Anfang noch mal gelesen hatte, bin ich wieder einigermaßen ruhig geworden. Außerdem sind die Briefmarken fantastisch. Ich habe sie der alten Dame im dritten gebracht, für ihre Sammlung. Sie hat mich so stürmisch umarmt, dass mir die Tränen kamen. Dass man wegen einer Briefmarke so aus dem Häuschen geraten kann, hätte ich nicht gedacht.

Manchmal sage ich mir, du musst nicht immer alles verstehen. Es kommt nämlich jetzt öfter vor – darüber habe ich noch mit keinem Menschen geredet –, dass mir die Kehle so eng wird, als ob ich ersticken müsste, und ich heule, heule und weiß nicht, warum. Zuerst dachte ich, das liegt am Pollenflug, aber so was ist mir schon überall passiert. Ich muss mich da mal erkundigen. Kann ja sein, ich bin allergisch auf die Luft.

Gegen Mittag habe ich den Bus genommen. Mit der Metro fahre ich nicht mehr, seit so ein Mistkerl mich an die Wand geschubst und mir meine Tasche weggerissen hat. Ich habe Anzeige erstattet, hat aber nichts gebracht. Sie haben bloß gesagt, ich hätte großes Glück gehabt. Warum, verstand ich erst nicht. Und dann habe ich mir gesagt, du musst auch nicht alles verstehen.

Wie immer bin ich am Père-Lachaise ausgestiegen. Dort wohnt meine Mutter jetzt. In einer neuen Wohnung, in der nichts mehr an mich und meine Kindheit erinnert. Sie ist umgezogen, nachdem ich aus dem Haus war. Sie kam mit ihren Wasserflaschen und vollen Einkaufskörben nicht mehr allein die drei Treppen hoch. Aber das hat sie nicht zugeben wollen, angeblich ist sie nicht wegen dem Fahrstuhl umgezogen, sondern wegen der Aussicht. Die Aussicht ist ein Friedhof. Sie findet, nach siebenunddreißig Jahren hinterm Schalter einer Krankenkasse habe sie es verdient, im Ruhestand erhaben zu sein über die Toten.

Wir saßen in ihrer tadellos aufgeräumten, blitzblanken Zwei-Zimmer-Wohnung, die nach Lavendel und Fichtennadel riecht, miteinander beim Mittagessen.

»Wenn es mal so weit ist, dass ich meine Wirtschaft nicht mehr machen kann …«, fing sie an.

Nach diesem Satz legt sie jedes Mal eine lange Pause ein. Ihr Kopf, der hübsche Kopf eines altgewordenen Kindes, das vom Leben nicht gerade verwöhnt worden ist, nickt vor sich hin.

Weil von mir, wie immer, keine Antwort kam, führte sie ihren Satz weiter: »… dann weisst du, es ist vorbei mit mir. In ein Altersheim gehe ich jedenfalls nicht. Und verbrannt werden will ich auch nicht, vor Feuer habe ich viel zu viel Angst. Beerdigt auch nicht. All diese Geschichten von Leuten, die auf einmal im Sarg aufwachen …«

Und wie jedes Mal verging mir der Appetit, mein

Magen war wie zugeschnürt, ich musste mich sehr beherrschen. »Gibt es kein angenehmeres Thema, wenn wir zusammen sind?«

»Du bist meine Tochter, mit wem soll ich sonst darüber sprechen? Aber du lässt mich ja nicht im Stich, nicht? Ich habe doch nur dich.«

Ach, und ich, wen habe ich? Ihre Tochter sein heißt jetzt, dass wir die Rollen tauschen. Dass ich die Verantwortung für sie übernehme, für sie sorge, ganz für sie da bin. Alles, was sie nie fertiggebracht hat. Oder nur so lala. Aber das hat sie vergessen.

Sie ging an ihren Schrank. Betttücher, Handtücher, sämtliche Wäsche säuberlich auf Kante gelegt, nach Farben geordnet. Ich musste an meinen Schrank denken. Und wenn ich die Sachen fünfzehnmal zusammenlege – sobald ich ihn öffne, fällt mir alles entgegen, wie zum Schabernack. Als ob meine Wäsche sich über mich lustig macht. Meine Mutter zog einen großen Karton hervor, und mir wurde sofort mulmig. Wäre ich nur gleich gegangen. Aber so leicht ist das nicht.

Sehr würdevoll hob sie den Kopf. »Kann ja sein, dass du keine richtige Familie hast«, sagte sie, »aber hier hast du Fotos. Ich habe sie für dich aufgehoben, für später, wenn ich mal nicht mehr bin … Und eben dachte ich, die könnten dir jetzt guttun. Ich geh Kaffee machen. Ich kenne sie doch alle auswendig. Wenn man allein lebt … jetzt weißt du ja, was das heißt.«

Wozu sagte sie das? Ein solcher Satz schlägt einen zu Boden. Hätte ich den Karton doch zurückgestellt und den Schrank zugeklappt. Aber wenn man so durchhängt zwischen zwei Leben, weiß man nicht, was man will. Ich hatte ziemlichen Schiss, mir als dem kleinen Mädchen zu begegnen, das ich einmal war. Wie wird es mich jetzt als Erwachsene finden? Bestimmt ist es von mir enttäuscht. Wenn es mich ansieht, wird es denken: Ach, das ist aus mir geworden?

Ich besah mir das erste Foto: ich mit sieben oder acht Jahren in einem verschneiten Park. Das einzige, worin wir uns unterschieden, war, dass ich den Mut aufgebracht hatte, mir meine Zöpfe abschneiden zu lassen. Sonst, abgesehen von der Größe, habe ich mich leider nicht viel weiterentwickelt. Irgendwie laufe ich immer noch mit verschorften Knien und Heftpflastern herum.

Auf den übrigen Fotos war immer nur meine Mutter zu sehen. Meine Mutter mit ihrem Baby, in allen Variationen. Mein Leben hörte hier mit acht Jahren auf. Als Klosterschülerin, als junge Frau gab es mich nicht mehr.

Ich schloss den Karton und sah mir auf dem

Buffet meinen Vater in seinem Messingrahmen an. Die Miene abwesend, liebenswürdig, stur – das hängt davon ab, aus welchem Blickwinkel und zu welcher Tageszeit man ihn betrachtet. Es ist eine meiner ersten Erinnerungen und zugleich die einzige, die ich nie zu verdrängen versucht habe, wie meine Mutter, mit einem stolzen Blick auf mich, ihm in seinem Glasrahmen mit verliebtem Lächeln zuflüsterte: »Als ob du es wärst.«

Ich bin immer ein bisschen hinterm Mond gewesen. Und wenn einmal nicht, dann hat es keiner gemerkt. Unscheinbar. Ein unauffälliges Wesen. Was allerdings nicht nur Nachteile hat. Man hört zu, beobachtet, behält seine Gedanken für sich, und so langsam vergisst man, wie die eigene Stimme klingt.

Nicht, dass ich alles verpatzt hätte.

Ich bin sogar von einem Mann geheiratet worden. Erst im Rathaus und dann in der Kirche. Ganz in Weiß. Auch wenn er nicht der Erste war. Und auch nicht der Letzte. Ich habe eingewilligt. Ich war so glücklich, dass einer mich wollte. Dass mich endlich jemand anerkannte. Mir seinen Namen gab. Und ich nicht mehr heißen musste wie meine Mutter.

Die Hochzeitsnacht dauerte zehn Minuten. Ich habe Besseres erlebt, aber nach so einem Tag, mit Familienspannungen, Alkohol und Freunden, kann es anscheinend auch in einer knappen Minute abgehen. Das ist Gisèle passiert. Dagegen hatte ich noch Glück.

»War das schön für dich, jetzt?«, hat er gefragt.

Jetzt, wo wir verheiratet waren, meinte er. Wieder hab ich bloß ja gesagt, und er ist eingeschlafen.

Mir war überhaupt nicht nach Schlafen zumute. Ich wollte die erste Nacht, die ich nicht mehr unter dem Mädchennamen meiner Mutter verbrachte, auskosten. An ihn geschmiegt, dachte ich daran, wie tadellos meine hochgesteckten Haare gesessen hatten. Wahrscheinlich habe ich eine ganze Dose Spray verbraucht. Keiner sollte an der Braut etwas auszusetzen finden, trotzdem hat mir niemand zu meiner adretten Frisur gratuliert. Außer Gisèle. Dafür ist sie über den Bräutigam hergezogen. »Ehrlich«, sagte sie, »du hättest was Anderes verdient. Wie konntest du dich bloß dem Erstbesten an den Hals werfen?« Ich ließ sie reden. Ich fand ihn lieb, einfach, ehrenhaft, er kam einem nicht mit großem Schmus. Anders als mein Verflossener – ein Finanzberater, der angeblich in Scheidung lebte, bis er mich herumgekriegt hatte, und der mir in den folgenden Wochen dann anhand seines Taschenrechners bewies, dass er eigentlich nicht in der Lage war, die Unterhaltszahlungen aufzubringen. Mein Mann dagegen war immer geradeheraus. Für ihn war das etwas unbedingt Lebenswichtiges. Seine Eltern hatten sich seine ganze Kindheit lang gefetzt, belogen und betrogen und ihn dabei zum Zeugen gemacht, das hat ihn ein für alle Mal abgeschreckt. Am Anfang fand ich es großartig, einen Mann zu haben, der immer ehrlich, aufrichtig, glaubwürdig war, auch wenn ihn das nicht gerade sehr gesprächig machte. Tatsächlich hatte er gar nichts zu sagen. Aber das wurde mir erst später klar. Lange Zeit nimmt man Schweigen für Scheu und glaubt, alle möglichen Gedanken laufen dahinter ab, wenn man sich in die Augen sieht. Dass man sich auf bloße Andeutungen hin versteht. Und dass man nicht redet, weil man sich sowieso einig ist.

Als Hochzeitsreise war er mit mir auf der Place de la Concorde, und wir sind Riesenrad gefahren. Zweimal.

»War's schön?«

»Ja.«

Und das stimmte. Ich hatte ein solches Gefühl von Freiheit wie noch nie. Weil er bei mir war und ich zu niemandem sagen musste, »ja, der Platz ist noch frei«, oder so tun musste, als ob ich auf jemand warte, damit ich in Ruhe gelassen werde, oder beschämt nach unten gucken musste, weil keiner was von mir wollte. Und jedes Mal, wenn unsere Gondel den Boden streifte, flog ich schon wieder auf, und niemand hätte mich einholen können. Bei diesem Auf und Nieder bekam ich mit einem Mal sogar Lust auf Liebe, einfach so. Mit geschlossenen Augen fasste ich seine Hand und streckte ihm den Mund entgegen. Er reagierte nicht, ich machte die Augen auf: Mein Mann war käseweiß, kurz vorm Übergeben, also sind wir ausgestiegen, und es gab keine dritte Fahrt. Da dachte ich zum ersten Mal, dass ich vielleicht einen Fehler gemacht hatte.

Und dann ging alles seinen Gang. Für mich begann das Leben einer verheirateten Frau. Arbeiten, den Haushalt machen, einkaufen, kochen, die Fensterläden schließen und einschlafen mit meinen Träumen im Kopf. Träumen von dem Mann, den ich vor der Hochzeit gekannt hatte, so achtsam, feinfühlig, schüchtern um mich bemüht, und der so ganz verändert war, seit er, wie er sagte, »sein Junggesellenleben begraben« hatte. Wie sehr hätte ich mir gewünscht, er wäre derselbe geblieben. Wäre noch der ungeduldig Verliebte, der mir bei jedem Rendezvous die Finger drückte und sagte: »Ich will, dass du mein Leben teilst.« Ein bisschen zu spät begriff ich, dass sein Leben teilen für ihn hieß, seinen Arbeitstag teilen.

Wir mussten sehr früh aufstehen. Um fünf Uhr. Mein Mann fuhr mit dem Lieferwagen zum Pressegroßhandel in Rungis draußen, brachte die Remittenden weg und holte die Tageszeitungen. Damit entfiel der Lieferdienst, und wir sparten jede Woche mindestens hundertfünfzig Euro. Sechs- bis siebenhundert Kilos schleppen war zwar nicht ohne, aber dafür zahlten wir dem Grossisten ein halbes Prozent weniger. Bevor die Kunden kamen, legte mein Mann alles im Kiosk aus. Er hätte damit auch bis zur Öffnung warten können, aber das war für ihn Ehrensache. Inzwischen hatte ich, wie gewohnt, das Bett gemacht, die Waschmaschine angestellt und den Staubsauger in Gang gesetzt. Ein Geschenk meiner Mutter.

Eines Morgens jedoch, als ich mich bückte, um das Ding aus dem Einbauschrank zu wuchten, fand ich es auf einmal demütigend, vor einem Staubsauger in die Knie zu gehen. Es war der 28. Februar. Ich strafte ihn mit Verachtung: Nein, heute bleibst du in deiner Ecke. Und wenn mein Mann mich heute Abend darauf anspricht, werde ich, vielleicht mit einem gewissen Trotz, antworten: »Nein, ich habe heute nicht gesaugt.«

»Warum nicht?«

»Weiß ich nicht.«

In Wahrheit wusste ich sehr gut, warum. Ich wollte einfach nicht mehr sein wie meine Mutter: wischen, schrubben, wienern, damit alles blitzt. Kein Brotkrümel, kein Krümel Leben. Telleruntersetzer, Gläseruntersetzer, Untersetzer hier und Untersetzer da.

Bevor er losging, hatte er gesagt, vergiss nicht, das Gemüse zu putzen. Ich vergaß es nicht. Bloß dass ich es nicht machte. Ich habe dem Schnee zugesehen, wie er gegen das Küchenfenster stiebte. Ich fühlte mich genauso zart und ungreifbar wie die kleinen weißen Flocken. Aber ich wollte nicht so kläglich wie sie auf dem Asphalt enden, zu schwarzer Brühe zermatscht von Schuhsohlen oder Autoreifen an diesem letzten Februartag.

Als ich zum Kiosk kam, sagte er: »Du hast dir aber Zeit gelassen«, dann ging er seinen Kaffee trinken, und ich fühlte mich sehr allein.

In meinen drei Pullovern übereinander, der dicken Daunenjacke, der Wollmütze bis tief in die Augen und meinen Kunstpelzstiefeln hätte mich niemand für eine kleine Schneeflocke gehalten, die manchmal so sanft auf einen Mantelkragen niederschwebte oder sich einem Fremden an die Wange setzte. Wie lange hatte es nicht mehr geschneit in Paris. Für mich war es der erste und der letzte Schnee als verheiratete Frau.

Über das Gemüse hat er kein Wort mehr verloren, er hatte Appetit auf Nudeln. Und dass ich nicht gesaugt hatte, hat er nicht mal gemerkt. Also haben wir über nichts gesprochen. Er ist vorm Fernseher eingeschlafen. Ich habe den Tisch abgeräumt. Es hat aufgehört zu schneien.

In unserem Kiosk musste man sich sogar im Sommer warm anziehen. Weil er auf der Nordseite der Straße, der mit den ungeraden Hausnummern, stand. Auf der Schattenseite. Klar, dass die Leute einen so eingemummt nicht beachteten, dafür konnte ich in Ruhe meine Beobachtungen machen. Frauen kamen vorbei, kauften *Le Monde* und schoben darunter die Sondernummer einer Zeitschrift: »Schönheitschirurgie, wo und wann?« Diskret steckte ich ihnen beides in eine Plastiktüte. Diese stillschweigende Solidarität, die gab mir was. Und dann die Stammkundinnen: »Sie haben's gut, Sie haben bei der Arbeit wenigstens frische Luft.« – »Für drei Tage ins Wochenende fahren ist einfach zu kurz, es macht einen erst recht schlapp! Das ist wie abgebrochener Urlaub. Aber anders geht es doch nicht. Wegen der 35-Stunden-Woche bin ich gezwungen, den freien Tag zu nehmen. Der steht mir zu.« – »Haben Sie morgen auch auf? Ach ja, Sie öffnen ja alle Tage, was frag ich so dumm: Wie bekäme man sonst seine Zeitung? Außer sonntags? So so.«

Manchmal wurden sie auch persönlicher, redeten von ihrer Migräne, von den Kindern, die aus dem Haus gingen, den Eltern, die wieder wie Kinder wurden, dass der Mann immer so reizbar und wie unsicher Paris geworden war, dass der neue Haarschnitt missglückt, die Arterien verstopft seien, die Knochendichte nachlasse, so sehr man sich auch bemühe, sich jung zu erhalten. Wenn mir manches auch dunkel blieb, verstand ich sie doch. Zu Hause hörte ihnen niemand zu. Und einem Menschen, den man nicht näher kennt, kann man die persönlichsten Dinge sagen. Das machten sie sicher bei jedem so. Nur dass es mich wirklich interessierte. Ich dachte mich zu gerne in ihr Leben ein. Manche sagten sogar: »Was würde ich anfangen ohne Sie?« Aber immer, wenn ich ihnen gerade antworten wollte, zogen sie ab.

Und dann die Männer.

Diese Sorte, die wer weiß wie höflich tut – aber nein, ich bitte Sie, nach Ihnen, ich habe Zeit –, standen da, die *Libération* groß aufgeschlagen, darunter aber blätterten sie Seite für Seite den *Playboy* durch. Ich sah, wie ihre Augen die nackten Mädchen verschlangen, und dabei merkte ich eines Tages, dass durch meine Baumwollbluse und den dicken Strickpullover hindurch meine Brustwarzen standen. Was mich erregte, war nicht etwa ein bestimmter Mann. Nein. Es war dieses Heimlichtun, dass sie sich wie kleine Jungs bei etwas Verbotenem benahmen. Verstohlen, halb abgewandt beobachtete ich sie. Zuerst amüsierte es mich, doch allmählich wurde daraus sozusagen ein ernstes Spiel. Ich wusste ja, um welche Zeit sie jeweils aufkreuzten. Also versteckte ich öfters ihr Lieblingsmagazin. Fieberhaft begannen sie danach zu suchen, ohne dass sie sich zu fragen getrauten, wo es sei; unauffällig zog ich es dann hervor und legte es genau vor mich hin. Ich brauchte nur eine Minute unterm Tresen zu verschwinden –, wenn ich wieder hochkam, war das Heft zehn Zentimeter weggewandert. Zum Schluss zählten sie mir das Geld für ihre Tageszeitung hin, und während ich ihnen rausgab, streifte ich absichtlich ihre Fingerkuppen, weil mich dabei so ein leises Prickeln durchrieselte.

Eines Tages verkroch ich mich hinterm Tresen. Ich wollte mit eigenen Augen sehen, was sie so faszinierte. Ich blätterte in einem dieser Männermagazine, dann schlug ich die Seiten immer langsamer um. Schöne, stark geschminkte Frauen, mit Brüsten wie die gute Alte, die auf mich aufpasste, wenn meine Mutter tanzen ging. Bloß, dass sie bei ihnen ein bisschen höher saßen. Sehr sparsam behaart, aber die Mähnen desto mächtiger. Auf den letzten Seiten gab es Asiatinnen zu sehen, mit langen schwarzen Haaren, in langen, hautengen schwarzen Mänteln, auf hohen schwarzen Stöckelschuhen, und die mit langen weißen Zähnen in eine schwarze Peitsche bissen. Ein Mann verlangte die *Valeurs actuelles*. Während ich das Heft zuklappte, fragte ich mich, wie ich in solcher Aufmachung aussehen würde.

Wenn ich heute zurückblicke, sage ich mir, dass damit alles angefangen hat. Ein leiser Gedanke nur, der aber mein Leben und das Schicksal meines Mannes aus der Bahn geworfen hat. Man glaubt immer, es sind die Erlebnisse, die einen verändern. Aber was ist ein Erlebnis ohne den kleinen Anstoß, der es herbeigeführt hat? Wie würde ich in so einer Aufmachung aussehen? Eine kleine Frage, und alles kam ins Wanken.

Zu Hause ging es wie gewohnt. Um drei Minuten vor fünf erwachte mein Mann. Um fünf Uhr waren wir mit der Liebe fertig. Gutgelaunt stand er auf. Das freute mich für ihn. Aber ich selbst war schrecklich enttäuscht. Nach vier Tagen hatte er noch immer nicht entdeckt, dass ich mir meine Haare unten in Herzform rasiert hatte wie in den Magazinen.

An einem Dienstag dann, eine Viertelstunde, nachdem er gegangen war, kam mir auf einmal die Erleuchtung: Es war keine Gleichgültigkeit von ihm, es war die Dunkelheit. Wenn man sich immer im Dunkeln liebte, wie sollte ihm da was auffallen? Ich rannte ihm nach, um ihm meine Überraschung zu zeigen, er sollte sie unbedingt jetzt sofort sehen, da wurde ich von einem Auto angefahren. Kopfüber flog ich aufs Pflaster. Der Typ hielt. Anscheinend passiert so was selten, vor allem an einem Fußgängerüberweg. Wir waren allein auf der menschenleeren Straße. Ich mochte die Augen nicht öffnen. Noch nie hatte ich so, mit hochgeschlagenem Rock, dagelegen, und das mitten in Paris. Er beugte sich über mich, drehte mich auf den Rücken. »Mademoiselle!«, sagte er mit beklommener Stimme. Ich hielt den Atem an. Ich hatte Angst, und gleichzeitig war ich erregt. Ich trug ein lachsfarbenes Spitzenhöschen, das ich in der *Marie-Claire* entdeckt hatte; für Autounfälle war es nicht vorgesehen. Ich hörte ihn tief Luft holen. Und dann drückte er seinen Mund auf meinen. Es war ein heißer Mund, der nach Kaffee und Orangenkonfitüre schmeckte. Ich machte die Augen noch immer nicht auf. Was interessierte es mich, wie er aussah. Ich dachte an die schwarz gegürteten Frauen und biss ihm in seine Frühstückslippen.

»Luder!«, fuhr er hoch. »Bist du verrückt geworden?«

Ich öffnete die Augen, was mich zurück in die Wirklichkeit brachte. Ich stand auf, zog meinen Rock glatt und lief davon, ohne mich zu entschuldigen. Auch ohne mich zu bedanken, nicht für den Kaffee, noch für das Übrige.

Ich hatte nur größte Lust, mich noch einmal längelang auf den Boden zu legen und zu sehen, ob ich wieder in eine solche Erregung geraten würde. Aber dann sah ich im Spiegel einer Bäckerei, dass ich einen großen blauen Fleck unterm rechten Auge hatte, und verschob meinen zweiten Fall besser auf später.

Als ich in den Kiosk kam, sagte ich mit einer ungewohnten, hintersinnigen Stimme zu meinem Mann, dass ich gefallen sei.

»Pass nächstes Mal besser auf«, war alles, was er sagte. »Wie kann man so ungeschickt sein.«

Und damit hatte sich's. Ich wollte ihm noch von meiner Überraschung erzählen, aber er ging sein Bier trinken. Und ich fühlte mich ziemlich blöd mit meinem Herz zwischen den Beinen.

Ein paar Tage darauf war mein blauer Fleck ganz gelb mit roten Sprenkeln geworden. Wie ein Kandinsky. Das war nicht von mir, das hat ein neuer Kunde gesagt. Lächelnd sah er mich an: Sieht aus wie ein Kandinsky, hat er gesagt und reichte mir fünfzig Euro. Für seine Zeitung. Es war das erste Mal, dass ein Fremder mich anlächelte und mir dabei fünfzig Euro gab. Dreimal habe ich mich beim Rausgeben verzählt. Abends habe ich im Lexikon nachgeschlagen, an wen mein Veilchen erinnerte. Kandinsky war ein russischer Maler, las ich, der erst Deutscher und dann Franzose geworden war. Er hat die abstrakte Kunst erfunden. Nachdem ich mir eins seiner Gemälde angesehen hatte, habe ich mit der Schere mein Nachthemd ausgeschnitten, meine Haare zerstrubbelt, und stolz wie die Freiheitsstatue trat ich in unser Schlafzimmer und schlüpfte zu meinem Mann unter die Decke.

»Hoffentlich denkt keiner«, sagte er nur, indem er auf mein Auge zeigte, »dass ich dir das verpasst habe!«

»Gib bloß nicht so an«, sagte ich, während ich mich auf die andere Seite drehte.

Sonderbar, das eben war überhaupt nicht meine eigene Stimme. Dieser leicht kratzige, aufreizende, ironische Ton … Kam der von dem Nachthemd, dem Veilchen … oder kam er von dem Blick dieses Mannes, den ich an ein Gemälde erinnerte?

Mein Mann war acht Tage fort, weil er seinem Bruder beim Umzug half. Der hatte sich von meiner Freundin Gisèle getrennt und wollte künftig auf dem Land leben. Inzwischen hielt ich im Kiosk, wie ein braver Soldat, ganz allein die Stellung. Das hieß für mich jeden Tag fünfzehn Stunden Dienst, aber es war nicht schlimm; ich war so müde, dass die Zeit desto schneller verflog. Der Mann mit dem Lächeln und den fünfzig Euro kam täglich mit einem großen Schein seine Zeitung kaufen. Immer gegen Abend, wenn es anfing, dämmrig zu werden. Er fragte, wie es meinem Veilchen gehe, und stellte fest, dass es immer kleiner wurde. Einmal wollte er es sogar berühren. Lachend gab ich ihm einen Klaps auf die Hand. An dem Tag lächelte er mich auf eine Weise an, dass ich seine Einladung zu einem Gläschen nicht ausschlug, obwohl ich so müde war. Oder gerade weil ich so müde war? Ich wollte nur einen Tomatensaft. Wegen des Tabasco – ich mag Tabasco, der ist scharf, das tut gut, aber mein Mann war dagegen, also war dies die Gelegenheit. Er bestellte mir eine Bloody Mary, und das mit einer Stimme, dass ich ganz rasch auf die Toilette lief und mir allein vorm Spiegel vorsprach: »Bloody Mary, Bloody Mary, Bloody Mary …«

Wie diese vier Silben mich aufregten, es war unglaublich. Wie mit fünfzehn in der Klosterschule, jedes Mal wenn ich sagen musste: »Vater unser, der du bist im Himmel.« Es ist seltsam, was manche Wörter für Gefühle auslösen können.

Als ich wiederkam, stand meine Bloody Mary schon da. Neben seiner. Dazu waren jede Menge schwarze und grüne Oliven aufgetragen und sogar Erdnüsse in einem silbernen Schälchen, neben einem Leuchter mit brennenden Kerzen. Noch nie hatte ich eine so schicke Bar gesehen. In meinen Magazinen kam sie nicht vor. Vielleicht weil das Eingangsschild so diskret war, dass es ihnen gar nicht aufgefallen ist. Er bot mir eine Zigarette an, ich sagte, dass ich nicht rauche.

»Nur eine. Zum Probieren. Ich heiße Jean.«

Und so inhalierte ich zum ersten Mal im Leben den Rauch einer langen weißen Zigarette mit Goldmundstück, und es gefiel mir sehr. Er reichte mir meine Bloody Mary.

»Auf Sie.«

Ich wusste nicht so recht, was man darauf antwortet – »Auf Sie auch«, »Ihr Wohl«, »Prost?« –, und vor allem wusste ich nicht, wie ich das machen sollte mit meiner Zigarette in der einen Hand und meinem Glas in der anderen. Also nahm ich gleich noch einen Zug und dazu mit geheimnisvoller Miene einen Schluck, und schon musste ich husten, so haute mich das um. Die Zigarette fiel mir in den Blusenausschnitt. Ich riss den Mund auf, traute mich aber in dieser gedämpften Bar nicht zu schreien. Wortlos sah er zu, wie ich mit der Hand vorsichtig in meinen BH fuhr und die Zigarette hervorholte, die mir mit ihrer Glut ein Loch in die weiße Spitze gebrannt hatte. Ist nicht so schlimm, sagte ich, und um schnell das Thema zu wechseln, fragte ich, wonach der Cocktail seinen Namen habe. Entweder nach Mary Tudor, die wegen ihrer Protestantenverfolgung denselben Spitznamen hatte, sagte er, oder aber nach der Frau eines sowjetischen Botschafters in London, die gerne Wodka trank. Weil sich mir im Kopf alles drehte, verdrückte ich fast die ganzen Oliven samt den Kernen. Ausspucken ging nicht, und mir in seinem Beisein mit den Fingern in den Mund fahren konnte ich schlecht. So muss er darauf gekommen sein, dass ich Hunger hätte. Ob ich Wildlachsrücken mag, fragte er.

»O ja«, sagte ich.

»Und Piroshki?«

»Auch.«

»Und Kaviar?«

»Himmlisch.«

»Den gibt es nur leider hier nicht.«

Er bestellte. Ich war furchtbar aufgeregt wegen all der Sachen, die ich noch nie gegessen hatte. Er erzählte von Sankt Petersburg, von der Landschaft dort, von den Museen, den Sonnenuntergängen überm Eis und von Kaviar in kleinen Silberkellen, und in meinem Kopf sang es: *Bloody Mary, die du bist im Himmel.* Eine der Kerzen fing an zu tropfen, ich wollte das Wachs wieder anpappen, und dabei, weil ich Alkohol nicht gewohnt war, fegte ich die Erdnussschale vom Tisch. Zum Glück saßen wir etwas abseits, in einer Nische, sonst wäre ich vielleicht nicht unter den Tisch gekrochen, sie auf allen vieren aufzusammeln. Er bückte sich, um mir zu helfen, da nahm er meine Hand und drückte sie wie selbstverständlich zwischen seine Schenkel, auf die Knöpfe seiner Hose. Ich war ein bisschen verdutzt, mein Mann trug nur Hosen mit Reißverschluss. Die Kellnerin kam mit den Bestellungen, er warf mir eine Serviette übers Gesicht. Und als sie wieder ging, war Monsieur Jean aufgeknöpft, und ich kniete zum ersten Mal im Leben vor einem Mann, der sich meinem Mund, meinen kleinen scharfen Zähnen anvertraute.

Dann habe ich mich zum Diner gesetzt.

Geheiligt sei dein Name, dein Reich komme.

Ob das alle Männer schön fanden, nur mein Ehemann nicht? Als er wiederkam, wollte ich es bei ihm probieren, aber er hob meinen Kopf hoch und sagte in vorwurfsvollem Ton, dass wir doch verheiratete Leute seien. Was meinte er damit? Dass er sich das von einer anderen als mir gefallen ließe? Gerne hätte ich Monsieur Jean danach gefragt, aber seit dem Bloody-Mary-Abend ließ er sich nicht mehr blicken. Er musste seine Zeitung woanders kaufen. Vielleicht hatte ich ihn enttäuscht. Oder aber er machte die Runde bei sämtlichen dreihundertzwanzig Pariser Kioskdamen.

»Was hast du denn?«, fragte mein Mann in ernstem Ton. »Bist du nicht glücklich mit unserem Leben?«

»Doch … natürlich«, nuschelte ich.

Aber das war gelogen. Zu gern hätte ich ihm meine Geschichte mit den Erdnüssen erzählt, ihm gesagt, dass ich jetzt viel erfahrener war – wie die Frauen in den Magazinen – und es mir sehr gefallen hatte. Aber ich traute mich nicht. Aus Angst, dass er es vielleicht nicht gut fände, er mich dann verstoßen würde. Ich hatte von jeher Angst, verlassen zu werden, wenn ich anderer Meinung war. Das ist auch ein Grund dafür, dass ich meiner Mutter nie widerspreche. Auch keinem anderen übrigens. Doch fasste ich immerhin den Beschluss, kein Haarspray mehr zu nehmen. Damit begann mein heimliches Leben, und nach und nach gewann es die Oberhand. Ich wusch mir die Haare ausgiebig mit Kamille, bis sie immer blonder wurden, und steckte sie leicht auf wie die L'Oréal-Frau in *Gala*. Im Grunde bin ich eine ganz andere, sagte ich mir. Ich kaufte mir ein Rouge, das ich großzügig auftrug. Und mit einem Mal sagten die Männer, ich sei frisch wie eine Rose. Wenn man sich wie ich immer ein bisschen nichtssagend fühlte, tat das echt gut. Es machte Mut. Ich pinselte mir Mascara auf meine langen Wimpern, wie Königin Nofretete in der Zeitschrift *Historia*. Mein Mann hat nichts gemerkt. Da ging ich noch weiter und bemalte mir die Lider mit dem Türkisblau, das eine Ministerin in *Madame Figaro* trug. Seit dem Türkisblau fiel mir auf, dass die Männer länger stehen blieben, wenn sie ihre Zeitung kauften. Sie redeten mit mir über den Regen, übers schöne Wetter, aber vor allem über ihre langen einsamen Wochenenden in Paris, während ihre Frauen mit ihrer 35-Stunden-Woche sich in guter Seeluft oder auf dem Land erholten. Ich hörte ihnen zu, und sie ahnten nicht, dass sie mich lange und ganz fest hätten auf den Mund küssen können, ohne auch nur ein einziges Mal Luft zu holen, aus reinem Vergnügen. Na, haben sie eben Pech gehabt.

Eines Tages wurde für den Kiosk schräg gegenüber, auf der Sonnenseite der Straße, ein Pächter gesucht. Der Zeitungshändler ging in Rente. Zum Glück war er zweite Kategorie, so wie wir, das heißt, dass man sich mit dem nächstgelegenen Kollegen wegen der Urlaubszeiten abstimmen konnte. Erste Kategorie wollte mein Mann nicht sein, weil man dann nie hätte schließen dürfen. Das Entscheidende war aber die Sonnenseite: fünfhundert Prozent bessere Einnahmen. Ohne viel zu überlegen, zogen wir um.

»Jetzt«, sagte mein Mann in einem etwas seltsamen Ton, »kannst du auch noch braun werden.«

Und mir wurde unwohl, wo doch meine heimliche Seite gerade erst zaghaft zum Vorschein kam. Würde die durch Braunwerden nicht kaschiert?

Anfangs suchten unsere Kunden uns noch am alten Platz gegenüber, wir machten ihnen Zeichen, und dann winkten wir uns von einem Trottoir zum anderen zu wie eine glückliche große Familie, die sich monatelang nicht gesehen hat. Na ja, wie ich mir eine Familie vorstelle, denn ich habe ja nur meine Mutter.

Eines Abends kam Monsieur Jean wieder, da war aber mein Mann bei mir. Nein, sagte er, er kaufe seine Zeitung nicht woanders. Er habe nur in der Provinz zu tun gehabt. Nachdem er uns zu unserem Seitenwechsel beglückwünscht hatte, fragte er meinen Mann, ob wir ihm wohl den großen Gefallen tun könnten, ihm am Montagnachmittag *Le Monde* gleich nach dem Erscheinen in seine Kanzlei zu bringen, er wolle einen Prozessbericht überprüfen. Ich sah ihn an, und mich durchlief es heiß, ich habe die Augen zugemacht und, fast ohne es zu wollen, meine Zunge zwischen die Zähne geklemmt, und währenddessen hörte ich meinen Mann sagen: Aber gern, meine Frau kommt, immer zu Ihren Diensten. Weil er ihn so bewundert, hat er mir hinterher gesagt. Monsieur Jean spreche mit ihm immer von gleich zu gleich, der sei eben ein feiner Kerl. Den würde er gerne zum Freund haben, wo er doch keine hatte. Mir ging es sehr gegen den Strich, dass die beiden sich kannten. Nicht aus schlechtem Gewissen, nein, ich war enttäuscht. Ich hätte Monsieur Jean lieber für mich allein gehabt. Aber was mich ein bisschen entschädigte, war, dass er die Zeitung bei meinem Mann mit passendem Geld bezahlte.

Gegen neunzehn Uhr stürzte ich in den Supermarkt. Gisèle sollte zum Essen kommen. Mein Mann war wütend, aber das war ich ihr nun mal schuldig, auch wenn es keine übermäßig gute Idee sein mochte, dass ich sie an meinem Eheleben teilhaben ließ, um sie über ihre Scheidung hinwegzutrösten.

Ich hatte sämtliche Abteilungen mit meinem Einkaufswagen abgeklappert. Seit Monsieur Jean wieder aufgetaucht war, musste ich andauernd an Wildlachsrücken denken. Doch jetzt war keine Zeit für Erinnerungen, was ich suchte, war Kaviar. Um den Geschmack kennenzulernen, damit ich auf gleichen Fuß mit ihm kam. Ich fragte eine Verkäuferin, wo ich welchen fände. Das könne ich mir sparen, sagte sie, so teuer dafür zu bezahlen, sie jedenfalls führten hier keinen. Als sie meine enttäuschte Miene sah, nahm sie mich beiseite.

»Seehaseneier schmecken genauso gut«, erklärte sie, »bloß dass auf der Dose nicht ›Kaviar‹ steht. Das ist wie mit Rotwein. Wenn draufsteht ›Grand Cru Classé‹, bezahlen Sie das Etikett, aber es ist auch bloß Rotwein drin. Sie brauchen die Dose nur wegzuschmeißen, und kein Mensch merkt was. Es sind genauso kleine schwarze Eier, bloß zehnmal billiger.«

»Und echten Kaviar, haben Sie den schon mal gekostet?«

»Noch nie. Ich bin doch nicht wahnsinnig.«

Also habe ich zwei Dosen Seehaseneier genommen und sie, stolz auf meine Schläue, in den Wagen gepackt, um auch nicht wahnsinnig zu sein.

Am Abend brachte ich Blini, mit den schwarzen Eiern bestrichen, auf den Tisch. Mein Mann fragte, was das sei.

»Kaviar«, sagte ich schlicht, während ich meine erblondete Mähne zurückwarf.

Er wäre beinahe ausgerastet. Ich musste die Dosen aus dem Mülleimer fischen, um ihm zu beweisen, dass ich wirklich nicht teuer dafür bezahlt hatte; dann fragte ich, ob er einen Unterschied schmecke.

»Unterschied wozu? Ich habe noch nie Kaviar gegessen.«

»Ich schon. Ist mir öfter mal spendiert worden«, sagte ich, um ihn eifersüchtig zu machen. »Aber es lohnt den Wahnsinnspreis nicht.«

Gisèle brach in Tränen aus – sie war ziemlich depressiv, seit ihr Mann sie verlassen hatte. Sie konnte den Anblick dieser ganzen kleinen Eierchen nicht ertragen. Sie stellte es sich so furchtbar wie möglich vor, dass man der Fischmutter, einer lebenden Fischmutter, den Bauch aufgeschlitzt und ihre Jungen weggenommen hatte. Sie sprang vom

Tisch auf und warf ihr Blini mit vollem Schwung aus dem Fenster. Mir blieb der Atem stehen.

»Das fehlte noch«, sagte mein Mann.

Ich stürzte zum Fenster. Aber es war niemand getroffen worden. Das Blini lag friedlich auf einer Windschutzscheibe.

Den Kalbskopf, den ich zubereitet hatte, traute ich mich nun nicht mehr aufzutragen. Schnell holte ich ein Fertiggericht aus der Tiefkühltruhe, und bis es in der Mikrowelle heiß würde, setzte ich ihnen die restlichen Blini mit einer Scheibe Pastete vor.

»Was ist das für Pastete?«, fragte Gisèle.

Kaninchen, hätte ich fast gesagt, aber ich besann mich rechtzeitig.

»Bio. Da ist nichts drin.«

»Ah! Ein Glück.«

Sie verdrückte drei Blini mit Pastete, wobei sie vor Beklemmung immer wieder von Schluckauf geschüttelt wurde. Aber nicht meiner Küche wegen. Ihr Mann hatte sie verlassen und war aufs Land gezogen, weil sie gegen Pollen allergisch war. Und ich fühlte mich ein bisschen schuldig: Wenn ich nicht geheiratet hätte, wäre auch sie ledig geblieben. Sie hatte eine solche Angst gehabt, wir beide könnten uns aus den Augen verlieren, dass sie meinen Schwager nahm. Und jetzt hatte er ihren Hund.

Um am Ende der Mahlzeit das Schweigen zu brechen, fragte ich: »Hast du was von ihm gehört?«

»Nichts«, antwortete Gisèle in patzigem Ton.

Dann fragte sie meinen Mann: »Und Sie?«

»Auch nicht«, knurrte er, während er die Weinflasche leer machte. »Aber das wundert mich nicht.«

Da brach es aus Gisèle heraus, und wie gewöhnlich kriegte ich alles ab: »Deinetwegen habe ich die Blödheit meines Lebens begangen! Und wozu das alles? Wozu? Es tut mir leid, das vor Ihnen sagen zu müssen, Roger, aber er hat nie richtig mit mir geschlafen. Guck mich nicht so an, als wüsstest du von nichts! Man sieht ja, dass du solche Probleme nicht kennst. Dabei, unter uns, ich will ja nicht Vergangenes aufrühren, Roger, aber die erotischere von uns beiden …«

»Es war Kaninchenpastete«, sagte ich sanft.

Sie ist zur Toilette gestürzt, und wir hatten zehn Minuten Ruhe.

»Findest du sie scharf?«

Verdattert sah ich ihn an. Es war das erste Mal, dass er einen solchen Ausdruck gebrauchte. »Wie soll ich das beurteilen«, sagte ich.

»Ich habe immer vermutet«, sagte er, »dass es im Leben meines Bruders noch eine andere Frau gibt.

Bloß hätte er mir das gesagt. Wir sagen uns immer alles.«

Während er sich ein Stück Brot abschnitt, sah er mich prüfend an.

»Und wie findest du mich?«, fragte ich.

Er warf mir einen langen Blick zu, während er seinen Käse zu Ende malmte, und sofort habe ich meine Frage bereut. Und nur noch gewünscht, dass er darauf nicht antworten möge. Aber er sagte ganz langsam: »Einwandfrei.«

Am liebsten hätte ich losgeschrien: Ich habe einen Mann ausgelutscht, weil Erdnüsse heruntergefallen waren, findest du mich immer noch einwandfrei? Aber ich habe nichts gesagt, habe dämlich bescheiden gelächelt und abgeräumt.

Gisèle kam wieder und setzte sich, einen nassen Waschlappen an die Stirn gepresst. Sie bat mich um Entschuldigung, das Antidepressivum mache sie aggressiv, das stehe auch auf dem Beipackzettel.

»Ich darf keine Beipackzettel mehr lesen«, sagte sie bitter. »Ich kriege prompt alle Nebenwirkungen.«

»Das mit der Pastete war bloß Spaß«, sagte ich gutmütig.

»Erzähl mir nicht, dass ich mich umsonst übergeben habe.«

Ich brachte Eis auf den Tisch, und sie zerfloss in

Tränen, weil es Vanille-Pistazie, ihr Lieblingseis war. Und ich war beinahe erleichtert, dass sie an meiner Stelle flennte. Das Wort »einwandfrei« saß mir im Hals, es blieb in meiner Kehle kleben wie ein Kloß, der immer mehr anschwoll. Was sollte das heißen, »einwandfrei«? Nicht vorhanden. War es das, was ihm an mir gefallen hatte? Und was er mir, aus Langeweile, schon bald zum Vorwurf machen würde?

Er schaltete den Fernseher ein, und kurz darauf schlief er. Das passierte jetzt immer öfter. Aber konnte ich mich beschweren? Den neuen Fernseher hatte ich ihm vergangenes Jahr geschenkt. Das Modell »Heim-Kino«. Allein schon der Name war magisch. Wer wollte noch Schlange stehen, um sich am Abend zu zerstreuen, wenn der Traum in ganzer Größe zu ihm ins Wohnzimmer kam? Es war mein Geschenk zum Hochzeitstag gewesen. Um ihm Hollywood ins Haus zu bringen, hatte ich meinen Bausparvertrag geopfert. Für dieses Jahr hatte ich noch keine Idee. Wozu Geschenke, wenn es nichts mehr zu feiern gab?

Die Spülmaschine war kaputt. Vor dem Abwasch musste ich zehn Minuten nach Gummihandschuhen suchen, um Gisèles Nagellack zu schonen. Ich fand aber keine, also hat sie sich auf einen Hocker gesetzt, und wir haben, während ich die Teller spülte, geredet. Wir redeten über ihr Leben, über ihren Hund, der sie zum Abschied nicht eines einzigen Blickes gewürdigt hatte, über ihre Arbeit, die sie beklemmte – sie bekam so viele Abszesse, Wurzelentzündungen, Zahnfleischentzündungen, so viele angstverzerrte, verschwollene, entstellte Menschen zu sehen, dass sie das Gefühl hatte, selber ganz unförmig zu werden. Dann kam sie auf ihre Fingernägel zu sprechen, die mittlerweile so lang waren, dass sie nicht mal mehr ihr Bett machen konnte, die sie aber nicht kürzen wollte für den Fall, dass sie einen Mann kennenlernte. Weil ich sie verständnislos ansah, erklärte sie, dem würde sie den Rücken zerkratzen bis aufs Blut und sogar noch tiefer, denn er würde für all die anderen büßen müssen, die vorher nicht gekommen waren.

Da fiel mir ein Glas aus der Hand, und als ich die Scherben aufsammelte, habe ich mich geschnitten. Ich sah das Blut quellen und musste leise kichern. Vor mir sah ich einen Männerrücken unter Gisèles rächenden Nägeln.

Was würde ich eigentlich mit dem Rücken eines fremden Mannes machen? Eine ganze Weile hielt ich meinen Finger unters kalte Wasser, aber er hörte nicht auf zu bluten.

Gisèle, die nach wie vor auf ihrem Hocker saß,

stöhnte auf. »Hast du aber eine schlechte Blutgerinnung! Eines Tages wirst du noch ausbluten wie ein Huhn. Hast du dich mal untersuchen lassen? Aber du würdest es mir doch sagen, wenn du was Ernstes hättest, nicht?«

»Ja klar.«

Zu gerne hätte ich ihr meine kleinen Geheimnisse erzählt, so wie früher, aber seit sie von ihrem Mann verlassen war, hatte sie einen Ton am Leib, der nicht zu Vertraulichkeiten einlud. Auf einmal war mir, als müsse ich jeden Augenblick an alledem, was ich ihr nicht erzählen durfte, ersticken: den Frauen mit den schwarzen Mähnen in den Männermagazinen, dem Kandinskybild, den Erdnüssen unterm Tisch... Aber ich hätte sie bloß neidisch gemacht, mehr nicht. Ich müsse meine Wunde desinfizieren gehen, sagte ich, und ließ sie in der Küche sitzen.

Weil ich mich schämte, dass ich sie allein gelassen hatte, blieb ich fünf Minuten hinter der Tür stehen und horchte, was sie machte. Aber es gab nicht das mindeste Geräusch. Ich ging wieder hinein, sie saß noch genau wie vorher auf ihrem Hocker und starrte auf die Glasscherben. Da tat sie mir leid. Eine Löwin im Käfig, die ihren Dompteur verloren hat. Deshalb waren wir ja Freundinnen seit der Klosterschule. Was sie auch machte, sie hatte immer was an sich, dass ich sie in die Arme nehmen musste. Eine Einsamkeit, für die sie nichts konnte und die sich hinter Aggressivität verbarg. Ich sammelte die Scherben auf.

»Hier unten ist noch ein Stück«, sagte sie, von ihrem Hocker aufstehend.

Ich sah ihre Beine.

»Trägst du jetzt Strümpfe?«

»Dachtest du, in Söckchen kriege ich einen Mann?«

Ich brachte sie zur Tür, und bevor sie hinausging, umarmte sie mich.

»Ich finde, du bist hübscher geworden«, flüsterte sie mir ins Ohr.

Wieder hätte ich ihr am liebsten alles erzählt, aber dann setzte sie hinzu: »Man sieht eben, dass du nicht allein bist.«

Sie warf einen Blick auf meinen Mann, der immer noch vorm Fernseher schlief.

»Na geh, weck ihn«, murmelte sie, als ob sie ihm etwas vergebe. »Sein Bruder hätte bei mir ja nicht einfach so schlafen dürfen. Übrigens hat er mich nicht wegen einer anderen Frau verlassen. Er hat nur den Hund mitgenommen. Wenn du wüsstest, wie das Leben plötzlich …« Doch statt den Satz zu beenden, folgten nur ein Seufzer und ein Schulterzucken.

»Ich weiß …«

»Nein, woher willst du das wissen! Warte, bis dir das selber passiert.« Und sie tätschelte mir die Wange, ehe sie ins Treppenhaus hinaustrat.

Ich ging zu dem Sessel. Langsam, ganz sachte kratzte ich über den Rücken meines Mannes.

Er schrak aus dem Schlaf, ließ die Fernbedienung fallen und sprang hoch. »Was fällt dir denn ein?«

»Nichts.«

»Wolltest du mir was sagen?«

»Nein, ich wollte dir was Liebes tun, weiter nichts …«

Er knöpfte sein Hemd auf, lief zum Spiegel und betrachtete seinen Rücken. »Ich geh schlafen, mach noch das Licht aus.«

Ich sah ihm nach und ging die Küche aufräumen. Sollte das nun immer so weiter gehen, das Eheleben? Dass man den anderen nicht mehr sah, weil er da war? Nichts mehr von Eroberung, keine Aufmerksamkeiten mehr, keine Gefahren, Heimlichkeiten, Erwartungen … Ein Leben zu zweit war von klein auf mein großer Traum gewesen. Allerdings hatte ich gar keine Vorstellung davon gehabt. Wir hatten ja nie einen Mann im Haus – oder nur zeitweilig. Aber ein Liebhaber war etwas anderes, der musste höflich sein und lächeln, weil er nicht wusste, wo die Sachen waren. Und zu der Kleinen musste er nett sein, ihr über den Kopf streichen, sie nach der Schule fragen, ihre Zöpfe loben. Immerhin machte ich ihm die Wohnungstür auf und machte sie auch hinter ihm zu. Klar, weil ich im Korridor schlief. Meine Mutter hätte mir das Esszimmer als mein Zimmer geben können, aber das Esszimmer war für sie heilig. Auch wenn sie dort nur am Sonntag aufdeckte. Bis ich ins Internat kam, habe ich in einem Bett geschlafen, das sich tagsüber in eine Sitzbank verwandeln ließ, und meine Puppe, mein Teddy, mein Schulranzen mussten immer im Einbauschrank neben dem Staubsauger verschwinden, wegen der Frauen, mit denen meine Mutter nachmittags Karten spielte. Sie tat vor ihnen zu gerne, als ob wir ein Zimmer mehr hätten. Das »Zimmer der Kleinen« am Ende des Korridors, eine verschlossene Tür, hinter der nur der Gaszähler hing. Und ich musste in einem Warteraum leben. Nicht, dass meine Mutter viel Besuch bekommen hätte, außer von ihren Rommé-spielerinnen und den Tänzern für eine Nacht, denen ich die Tür öffnete, trotzdem habe ich die ganze Zeit gewartet. Und ich wartete immer noch. Dabei hatte ich gedacht, außer meinem Mann werde es nichts anderes mehr geben. Das musste an mir liegen. Ich hatte zu wenig Erfahrung, ich sagte nie, was ich dachte, nie, was ich wollte. Immer diese Angst, ich könnte nicht mehr geliebt werden, wenn ich aus mir herausginge. Noch heute war ich nicht viel mehr als das kleine Mädchen von damals, das die Tür aufmachte. Aber wem?

Montag, sechzehn Uhr.

Staunend, dass mein Herz nicht wilder klopfte, klingelte ich neben einem Schild, auf dem »Anwaltskanzlei« stand. Ich betrat das Wartezimmer, wo schon ein Mann und eine Frau saßen. Ich setzte mich auf das große Sofa. Eine Doppeltür öffnete sich, ich wollte aufstehen, aber es war nicht Monsieur Jean. Die Sekretärin warf einen Blick auf uns drei, machte der Frau ein diskretes Zeichen, worauf die sich erhob und ihr folgte. Die Doppeltür schloss sich hinter ihnen. Nach zehn Minuten beugte sich der Mann zu mir.

»Darf ich mal in Ihre Zeitung sehen?«

Er roch gut, hatte einen tadellosen Haarschnitt, einen schönen Anzug, eine traurige Krawatte. Ich streckte ihm *Le Monde* entgegen. Er rückte neben mich. Schlug die Zeitung auf. Schöne Hände hatte er. Das Wassergesetz, sagte er in ernstem Ton, werde nichts ändern. Im Gedanken an Gisèle mit ihren Fingernägeln stellte ich mir seinen Rücken unter dem feingestreiften Hemd vor und gluckste leise.

Er wandte sich mir zu. »Lachen Sie über mich?«

»Nein, über meine Schwägerin. Sie lässt ihre Fingernägel ganz lang wachsen, für den Fall, dass sie einem Mann begegnet.«

»Da hat sie ganz recht, man kann gar nicht vorsichtig genug sein«, sagte er, dann setzte er mit fürsorglicher Miene hinzu: »Aber Ihre sind sehr kurz.«

»Ja«, sagte ich mit meiner verhassten Kleinmädchenstimme.

Das war wieder mal typisch für mich, sobald ich von jemand beeindruckt war, wurde ich unbeholfen, oder vielmehr »einwandfrei«, wie mein Mann sagte.

Also fragte ich den Herrn: »Sind Sie schon oft gekratzt worden?«

»Geschlagen, ja. Angegriffen, besudelt, niedergemacht ... aber gekratzt, glaube ich nicht.«

Weil ich mich nicht traute, ihn Persönlicheres zu fragen, aber so tun wollte, als ständen wir auf gleichem Fuß, fragte ich: »Sind Sie zum ersten Mal hier?«

»Leider nein. Dafür stehe ich zu sehr in der Öffentlichkeit, und ich lasse mir nichts gefallen. Bei jeder Verleumdung reiche ich Klage ein.«

Aufs Geratewohl sagte ich, da habe er ganz recht. Nach einer Weile fragte ich, in welcher Branche er sei.

Er brach in ein höfliches Lachen aus, kreuzte die Arme: »In welcher Branche ... Kommt Ihnen mein Gesicht denn nicht bekannt vor?«

»Ich weiß nicht. Ich kenne so viele ...«

Er hob eine Augenbraue.

»Aus der Zeitung«, erklärte ich, »entschuldigen Sie.«

»Aber ich bitte Sie, Mademoiselle.«

Ich habe ihn nicht berichtigt. Ich hatte meinen Ehering abgemacht, aus Rücksicht auf meinen Mann. Oder auf Monsieur Jean, was weiß ich. Die Stimme dieses Herrn verwirrte mich. Darüber vergaß ich, weshalb ich gekommen war. Jedenfalls dachte ich nicht mehr dran. Er rückte näher.

»Konsultieren Sie Monsieur Altermann schon länger?«

»Nein, ich bringe ihm seine Zeitung«, sagte ich ernst.

Er sah mich auf eine neue Weise an. Vielleicht kannte er die besonderen Vorlieben seines Anwalts. Oder er hatte die gleichen. Sorgfältig faltete er *Le Monde* zusammen und gab sie mir wieder. Wir blickten uns eine Zeitlang in die Augen. Dann legte er mir seine Hand auf den Schenkel, und als ich nichts dazu sagte – schlagfertig war ich noch nie –, küsste er mich auf den Mund, wie mich noch nie jemand geküsst hat.

»Bitte, entschuldigen Sie«, murmelte er, von mir abrückend.

»Wofür?«

Er warf einen Blick auf seine Uhr und sagte, wenn ich einverstanden wäre –, sein Termin könne warten. Ich ließ die Zeitung auf dem Sofa liegen, und wir gingen. Und dann ist alles ganz anders gekommen. Ich hatte mir eine Bar vorgestellt, eine Bloody Mary und vielleicht mal Chips statt Erdnüssen ... Aber nein. Er war tatsächlich ein bekannter Mann, ein Politiker. Wovon ich nichts verstand, aber so tat als ob. Ich habe sogar gesagt, ich ginge wählen, um ihn nicht zu betrüben. Zum Glück regnete es in Strömen. So konnte niemand sehen, wie wir hinten in seinen Wagen einstiegen, einen langen grauen Wagen mit dunkel getönten Scheiben. Wir fuhren, ohne ein Wort zu reden, seine Hand noch immer auf meinem Schenkel. Man fühlte sich wie in einem Aquarium aus Leder.

In einer kleinen Straße hielt der Wagen. Der Fahrer öffnete uns die Tür, der Wagen fuhr davon. Wir betraten gemeinsam ein Haus, als ob wir dort wohnten, und er verlangte einen Schlüssel. Er sagte, ich solle mich einen Moment gedulden, und die Concierge seufzte: »Jetzt auch noch eine Minderjährige.«

Von Minderjährigkeit war ich weit entfernt, nur

war es ziemlich dunkel, und mir hingen die Haare ins Gesicht, außerdem war ich nicht gerade dick, und viel abgespielt hatte sich auch noch nicht in meinem Leben, wahrscheinlich hält das jung. Sehr schnell kam er wieder, fasste mich bei der Hand, und wir betraten einen prachtvollen Raum, ganz in Rot und Gold, mit einem Bett so groß wie unser Schlafzimmer.

Er hat nicht gesagt, dass er mich liebt, dazu gab es auch keinen Grund, aber er machte mit mir Liebe, wie man sich das immer nur erträumt. Es war lang, es war gut, es war neu, manchmal hat es weh getan. Wir trieften vor Nässe wie nach einem Regen, da flehte er mich keuchend an, zu kommen. Okay, sagte ich. Und erschöpft fiel er aufs Bett. Mir hat es sehr gefallen. Das war was anderes als der allmorgendliche Dreiminutenakt. Leidenschaftlich umschlang er mich und murmelte, dies sei das erste Mal, dass er allein gekommen sei und dass ihn das verrückt mache. Ich verstand nicht wieso, also sagte ich, dass auch ich sehr zufrieden sei, aber ich müsse zurück zum Kiosk, sonst würde mein Mann sich Sorgen machen. Er sah mich entgeistert an. Anscheinend verstand er gar nicht, was ich sagte.

»Können wir uns wiedersehen?«, fragte er.

»Weiß ich nicht. Ich arbeite.«

Er kritzelte eine Telefonnummer auf einen Zettel und bat mich, sie niemandem zu zeigen, weil das sein Handy sei. Ich nahm den Zettel, während ich mich anzog, und küsste ihn ein letztes Mal. Er zog Geldscheine aus seinem Jackett. Zuerst war ich verblüfft, dann fühlte ich mich geschmeichelt. Demnach konnte man mich für eine Professionelle halten? Das war unglaublich, vor allem vonseiten eines Mannes, der doch offenbar an Callgirls gewöhnt war. Ich sagte, ich hätte viel gelernt, eher müsste ich bezahlen, und schob die vier Hunderteuroscheine von mir weg. Lächelnd sagte er, ich wolle ihn wohl zum Narren halten, darauf falle er nicht herein, aber was für ein neckisches Spielchen.

»Du hast mir deinen Namen nicht genannt«, sagte er.

»Beim ersten Mal nie.«

Er sah mich mit einer Art von Bewunderung an, dass es mir heiß wurde im Bauch. Ich war noch nasser als vorhin, als er *Le Monde* gefaltet und mir in die Augen geblickt hatte.

Leise schloss ich die Tür und ging zum Bus. Als ich am Kiosk ankam, hatte es aufgehört zu regnen. Mein Mann legte gerade die Plastikplanen zusammen.

»Beeilt hast du dich nicht gerade.«

Der Fahrstuhl sei steckengeblieben, sagte ich,

ich hätte festgesessen. Er musterte mich sonderbar. »Nächstes Mal nimmst du die Treppe«, giftete er.

Ich zuckte die Achseln.

»Nächstes Mal gehst du.«

Und verwundert, wie selbstverständlich ich auf einmal lügen konnte, nahm ich meinen Platz hinterm Tresen ein.

Erst am Abend, Rücken an Rücken mit meinem schlafenden Ehemann, dachte ich wieder an den Politiker. Warum hatte er mich angefleht, zum Höhepunkt zu kommen? Nie hatte mir jemand das mindeste darüber gesagt. Ich rüttelte meinen Mann, bis er erwachte.

»Habe ich normalerweise einen Orgasmus oder nicht?«

»Na sicher«, knurrte er schlaftrunken.

Ich rüttelte ihn noch einmal.

»Aber woran merkst du das? Vergleichst du mich mit mir oder mit anderen Frauen, die du gekannt hast?«

»Schlaf«, sagte er und steckte den Kopf unter die Decke.

Nach einer Stunde schlief ich noch immer nicht, außer Rand und Band geraten wie eine Flipperkugel. Das war doch wohl die Höhe: Ein Politiker, der sich mit Huren auskannte, hielt mich für ein

Callgirl der Extraklasse, und mein eigener Mann war nicht imstande zu sagen, ob ich einen Orgasmus hatte oder nicht. Ich kroch aus dem Bett und zur Tür hinaus, und dann bin ich über den Kühlschrank hergefallen. Im Stehen, fliegend am ganzen Leib, habe ich Cornichons, Salami, Konfitüre in mich hineingestopft, habe fünf Scheiben Schinken verschlungen, Butter geleckt, den Cidre aus der Flasche getrunken, bis sie leer war, dann glitt ich ganz langsam an der Wand hinunter, kauerte mich auf den Fußboden und habe an Charles Longereau gedacht. Vielleicht weil er auch ein graues Auto hatte. Und weil er der einzige Mensch war, vor dem ich mich schämte, zu sein, wie ich war.

Meiner Mutter hatte ich nie etwas davon gesagt, aber seit fünf Jahren wusste ich, wo er wohnte. Ein schönes Haus mit Glyzinien und Geißblatt in einem westlichen Vorort. Da er mich ja nicht kannte, trieb ich mich an Sonntagen stundenlang vor seinem Grundstück herum – bis zu meiner Heirat; danach hatte ich dazu keine Zeit mehr. Und seitdem fehlte mir das. Fünf- oder sechsmal habe ich ihn aus dem Haus kommen sehen, um seine Kinder und seinen Enkelsohn zu verabschieden. Er küsste sie zärtlich, und während der Wagen davonfuhr, winkte er ihnen mit beiden Armen nach. Bevor er wieder hineinging, schaute er noch einmal nach rechts und nach links. Manchmal bemerkte er mich, aber er hat mich nie länger betrachtet. Für ihn war ich eine Fremde, die dort vorüberkam. Er schloss das Tor, und dann starrte ich auf dieses dunkelgrüne Gitter und weinte an der gegenüberliegenden Mauer in mich hinein. Nie habe ich mich getraut, ihn anzusprechen. Ich hatte immer Angst, ihn zu belästigen, vor allem aber hatte ich Angst, er würde mich, nachdem er mich kennengelernt hatte, ablehnen. Lieber wollte ich weiter in der Ungewissheit leben, so dass ich mir immer noch sagen konnte: Wenn er mich kennen würde, würde er mich lieben. Mein Vater.

Am nächsten Tag, im Morgengrauen, fragte Roger, ehe er seinen Mantel anzog: »Was hast du mich heute Nacht gefragt?«

»Nichts«, und ich klappte den Mülleimer zu.

Jetzt war nur noch ich es, die morgens um fünf Uhr aufstehen musste. Mein Mann hatte sich einen Nerv zwischen zwei Wirbeln eingeklemmt, und der Arzt hatte gesagt, er dürfe so lange nichts Schweres heben, bis das wieder in Ordnung sei. Er hätte mit dem Großhandel einen zeitweiligen Lieferdienst vereinbaren können, aber da hätte ihm das Herz geblutet. Also habe ich gesagt, ab morgen übernehme ich die Fahrt. Ich schaffte die Remittenden nach Rungis und holte die neuen Zeitungen ab, öffnete um halb sieben den Kiosk, dann kam gegen elf mein Mann, und ich fuhr zur Wohnung Mittagessen machen, kam um vierzehn Uhr wieder in den Kiosk, während er nach Hause ging, bevor er mich zum Büro- und Ladenschluss ablöste. Immerzu hasteten wir aneinander vorbei, hin und her, bis er dann eines Tages sagte: Halt, wir haben keine Minute mehr für uns. Ja, so ist es, sagte ich. Er schlug vor, wir sollten eine Eheberatung aufsuchen. Ich machte große Augen: Warum?

»Wir müssen miteinander reden.«

»Können wir das nicht allein?«

Von da an hat uns Gisèle, ohne viel zu fragen, einmal in der Woche abgelöst, jeden Donnerstagnachmittag. Zu Anfang blieben wir zu Hause auf dem Sofa und redeten. Na ja, vor allem habe ich geredet. Alles, was er wissen wollte, war, ob ich ihm etwas zu gestehen hätte. Ich fragte ihn: »Gefalle ich dir als Frau?« Solche Sachen eben. Ja, meinte er. Ich aber ließ nicht locker. Ob ich heute früh einen Orgasmus gehabt hätte, wollte ich wissen. Klar, sagte er. Für ihn stand das derart fest, dass ich nicht zu widersprechen wagte. Zum Schluss haben wir Fernsehen geguckt. Und dann kam der Nerv in Ordnung, und der Arzt riet ihm, längere Märsche und dabei bestimmte Übungen zu machen, um die Heilung zu stabilisieren.

»Ich gehe meine Übungen machen«, sagte er, wenn er loszog.

Drei Donnerstage nacheinander bot ich ihm meine Begleitung an, aber er wollte allein sein. Zu meinem Trost habe ich die Nummer des Politikers gewählt. Sowie ich sein: »Hallo?« hörte, habe ich aufgelegt. Es tat wohl, jemanden warten zu lassen. Vielleicht würde ich ihn eines Tages mal wieder besuchen. Aber wer mir im Moment fehlte, war Roger. Er interessierte sich noch immer genauso wenig für mich, und doch war alles anders, seit ich nicht mehr mir selbst die Schuld daran gab, dass ein anderer Mann mich interessant gefunden hatte. Manchmal malte ich mir aus, Roger würde überraschend zurückkommen, und wir würden uns stundenlang lieben. Aber er kam nicht. Eines Tages fragte ich mich, ob nicht was anderes dahinterstecke als die Übungen für sein Rückgrat. Vielleicht führte mein Mann, genauso wie ich, ein zweites Leben im Hinterkopf? Und womöglich ein interessanteres, als ich dachte. Und während ich in den Männermagazinen blätterte, kam ich auf eine Idee.

Ich kaufte mir eine synthetische Perücke mit langen schwarzen Haaren, einen karminroten Lippenstift, Highheels, Strümpfe mit Naht, einen schwarzen, in der Taille eng gegürteten Regenmantel und ein Orchideenparfüm, das ich in einem Billigladen fand. Nicht mal der Fleischer, bei dem ich meine Verkleidung testete, hat mich erkannt. Nach der Art, wie er mich ansah, war ich mir aber todsicher, dass er mir meine Lammschulter liebend gerne geschenkt hätte. Nur darum ging es nicht. Ich trainierte für den kommenden Donnerstag.

Mir war verdammt komisch zumute, als ich meinem Mann, mit dem meine Wege sich sonst nur noch kreuzten, durch die Straßen nachschlich. Jedes Mal, wenn er stehen blieb, drehte ich mich schnell weg aus Angst, dass er mich erkannte.

Mit einem Mal betrat er ein Kino. Hoffentlich kein Porno, dachte ich. Nein. Es wurde ein Kriegsfilm gespielt. Ich wusste nicht, sollte ich hinterhergehen? Und wenn er da drin ein Rendezvous hätte? Mir klopfte das Herz wie rasend, ich war doch nicht hergekommen, um ihn zu ertappen. Aber weshalb war ich dann gekommen? Schön, sagte ich mir, sollte er sich hier mit jemandem treffen, verschwinde ich und gehe eine Bloody Mary trinken.

Nicht aus Eifersucht, nicht aus Neugierde, noch um herauszukriegen, ob mein Mann mit einer anderen ins Kino ging, kaufte ich mir eine Karte. Nein. Ich habe mein Billett bezahlt, weil es so aufregend war, inkognito den dunklen Raum zu betreten. Und bei jedem Schritt flackerte mir die Frage durch den Kopf: Wonach sehe ich in dieser Aufmachung aus? Das erregte mich viel mehr als alles, was Männer sich mit mir vorstellen könnten. Ich war genauso aufgeregt wie mit sechzehn, als Gisèle in der Wäschekammer die Schleiertracht von Mutter Marie-Aimée geklaut hatte und ich, krumm wie eine Schirmkrücke, mich durch den Lehrereingang aus dem Internat gestohlen habe. Wie heiß es mir da brodelte im Bauch vor irrem Freiheitsgefühl. Und wie erst dann nachher, als ich, die Taschen voller Kaugummis und Kaubonbons, freiwillig in mein Mädchengefängnis zurückkehrte.

Eine ganze Weile blieb ich stehen, ohne etwas zu erkennen, erst allmählich nahm ich die Gestalten in den Sitzreihen wahr. Viele Besucher waren es nicht. Ihn habe ich sofort entdeckt. Allein. Hinten. Warum ging er allein ins Kino, wenn er bei mir zu Hause sein Heimkino haben konnte? Um allein zu sein. Eine andere Antwort konnte es nicht geben. Er war das Zusammensein mit mir satt.

Ich drehte mich auf dem Absatz um, doch dann besann ich mich anders. Was für ein Blödsinn, zu Hause auf ihn zu warten. Das war doch nicht *ich*, die Frau dort, diese »einwandfreie« Frau, zu der er mich gemacht hatte, um seine Ruhe zu haben. Und dies hier war auch nicht mehr er, dieser Mann, der abends mit einer Lüge auf den Lippen nach Hause kommen würde. Einer unnötigen Lüge, denn er tat ja nichts Verbotenes. Falls nicht …

Langsam ging ich den Gang zurück. Mein neues Parfüm umgab mich wie eine zweite Haut. Ich hatte zu viel genommen, es stieg mir zu Kopf. Aber es durfte nicht sein, dass er mich an meinem Geruch erkannte. Ich zauderte, ob ich mich weiter ab von ihm setzen sollte oder nicht? Schließlich setzte ich mich genau hinter ihn. Zitternd vor Angst, streifte ich ihn mit meiner Handtasche.

»Entschuldigung«, sagte ich.

Und das mit einem reizenden Akzent, der neu an mir war. Wer weiß, ob es an dem Orchideenduft lag, jedenfalls antwortete er mit einer Stimme, die ich auch an ihm nicht kannte, sehr nobel, geradezu schmelzend: »Aber keine Ursache, ich bitte Sie.«

So von hinten gesehen, war das ein anderer Mann. Zum ersten Mal fiel mir ins Auge, wie kraftvoll sein Hals war, wie breit seine Schultern, dass er dabei aber sehr feingeformte Ohren hatte und auf wie besondere Art er den Kopf neigte …

Auf der Leinwand schlachteten Chinesen in historischen Kostümen sich gegenseitig in Zeitlupe ab, mit großen Schwerthieben im Mondschein, die Köpfe flogen wie Bälle. Wenn sie sich nicht abmurksten, schauten sie sich schweigend in die Augen, Wind blies über Reisfelder, und das Ganze war von großartiger Langweiligkeit. Da beugte ich mich vor zu dem Mann, der mein Ehemann war, blies ihm in den Nacken und sagte, ohne zu wissen warum, nur um etwas zu sagen: »Das ist meine Heimat.«

»Aha?«, sagte er und wollte sich umdrehen, ich aber raunte ihm zu, er solle so bleiben. Es sei ein schönes Land, sagte er. Wieder blies ich ihm in den Nacken, ganz zart zuerst, dann immer mehr, bis mir die Luft ausging. Er begann den Kopf auf seinen Schultern hin und her zu drehen. Dann legte er ihn mit geschlossenen Augen wie ein sich wollüstig rekelnder Kater auf die Rückenlehne. Noch nie hatte ich sein Gesicht so verkehrt herum gesehen. Und seine Reaktion verwunderte mich noch viel mehr als mein eigenes Verhalten. Dann gefiel ihm so etwas also? Oder gefiel es ihm, weil es von einer anderen kam? Ich begann ihm mit meiner Nase das Gesicht zu streicheln, dann schloss auch ich die Augen und küsste ihn auf den Mund. Mit einem sehr köstlichen Gefühl des Sündigen. Aber der Sünder war er.

Auf einmal wurde die Leinwand hell, das Saallicht ging an. Erschrocken rutschte ich in meinen Sessel zurück und setzte meine Perücke zurecht. Es gebe ein Problem mit der Filmrolle, sagte er und wollte aufstehen, doch hinderte ich ihn daran, indem ich ihm meine nach Orchideen duftenden Hände auf die Schultern legte. Dann zog ich sie weg. Er rührte sich nicht. Der Saal wurde wieder dunkel, und der Film ging weiter.

»Ich liebe Ihr Parfüm«, sagte er atemlos.

Ich lächelte ins Dunkel. Aber es war kein triumphierendes Lächeln, eher ein krampfhaftes, wie kurz vor dem Losweinen. Und ganz leise, ohne dass er es merkte, verließ ich, am ganzen Leibe zitternd, das Kino, genauso leer und verstört, wie wenn man von einem Friedhof kommt.

Kaum in der Wohnung, stopfte ich den Lackmantel, Schuhe, Strümpfe, Perücke, Lippenstift und Parfüm in einen Plastikbeutel, den ich im Wandschrank hinter den Waschmitteln versteckte, weil er da bestimmt nie ranging, und dann seifte ich mich gründlich, um den Duft loszuwerden, der meinem Mann so sehr gefiel.

Fröhlich kam er abends nach Hause.

»Zieh dich an«, sagte er, »ich habe eine Überraschung für dich.«

Er führte mich in ein chinesisches Restaurant. Mir verschlug es die Sprache. Keinen Bissen habe ich runtergekriegt. Außerdem fiel mir alles von den Stäbchen.

»Schmeckt es dir nicht?«, fragte er so enttäuscht, dass sich mir das Herz zusammenzog.

»Doch, doch. Es ist nur so heiß.«

Sehnsüchtig schaute ich, im Gedanken an diesen Nachmittag, auf seinen Mund. Nie hatte er mich so lange und so voll Begierde geküsst. Nicht einmal zu Beginn unserer Geschichte, als er den Kiosk noch gemeinsam mit seinem Bruder betrieb und ich einmal die Woche bei ihm Kreuzworträtsel kaufte und er mich nachher fragte, ob ich alles herausbekommen hätte, und ich ja sagte, ohne ihm zu verraten, dass die Rätsel für meine Mutter waren, die allerdings nie eins bis zu Ende schaffte, obwohl sie sich für so supergescheit hielt, genauso wenig wie die Mutter von Gisèle, und er mir dann anvertraute, dass er sich lieber mit Knobeleien zerstreute. Und eines Abends hatte er Karten für *Der Große Preis*, er lud mich ein, und von da an blieben wir zusammen. Nein, ein solches Herzklopfen wie an diesem Nachmittag im Kino hatte ich noch nie gehabt. Vielleicht weil ich da eine andere war. Eine Fremde, die vor nichts Angst hatte, weder dass ich ihn schockieren, noch dass er mich verlassen könnte.

»War es heute ein schöner Tag für dich?«, fragte ich in leichtem Ton.

»Nicht schlecht«, sagte er mit seiner Alltagsstimme, die nichts in mir bewegte. »Ich war im Kino. Übrigens habe ich mir vorgenommen, öfter hinzugehen. Fernsehen ist auf Dauer nicht gut für die Augen.«

Auf einmal tat er mir leid. Ins Kino ging er nur seinen Augen zuliebe. Und schuld an allem war ich, weil ich ihn mit meinem Kuss überrumpelt hatte. Er hatte es sich gefallen lassen, aber vielleicht nur aus Schüchternheit. Um ein Haar hätte ich ihm die Wahrheit gesagt, aber dann hielt mich irgendetwas davon ab. Sein Anblick von hinten, sein zurückgelegter Kopf …

»Und war der Film gut?«

»Ein Kriegsfilm. Hätte dir nicht gefallen.«

Plötzlich fasste er meine Finger. Holla, sagte ich mir, er weiß, dass ich es war. Er hat sich nur verstellt. Er beugte sich vor und beschnupperte meine Hand, dann ließ er sie wieder los.

»Du riechst nach Seife.«

Und mir fiel nichts Besseres ein, als zu sagen: »Na ja, ich riech eben sauber.«

»Genau«, sagte er mit einer Traurigkeit, die ich nicht an ihm kannte.

Ich war erleichtert und enttäuscht in einem. Er hegte keinen Verdacht, er verglich mich nur, das war alles. Und das nicht zu meinem Vorteil. Er goss sich Rosé nach, dann erzählte er von China, dass dieses Jahrtausende alte Land sich jetzt der Welt öffne. Aber so weit weg, sagte ich. Er hielt mir vor, dass ich keine Fremdsprache konnte und nur Frankreich liebte.

Dabei fiel mir mein Politiker ein. Ich hatte ihn nicht mehr angerufen, nicht einmal, um gleich wieder aufzulegen. Der übrigens auch sauber roch. Nach Provence-Kräutern. Im Grunde hatte ich Sex mit einem Beutel Lavendel gehabt, wie die im Schrank meiner Mutter. Ich zwang mich, meinen kalten Reis und die Krabben mit der erstarrten Soße aufzuessen. Mittlerweile fühlte ich mich ganz leicht. Na schön, sagte ich mir, ich speise hier mit meinem Ehemann: Ich denke an einen anderen Mann, und er denkt an eine andere Frau. Endlich waren wir uns mal einig. Und das fand ich so witzig, dass ich darüber vergaß, dass es meinen Politiker tatsächlich gab.

Zu Hause schaltete mein Mann den Fernseher ein und fragte, ob ich ein Bier mittrinke.

»Wenn du willst.«

Ich hatte mich ausgezogen und war in dem Babydoll hereingekommen, das er mir zum Hochzeitstag geschenkt hatte. Er sah zu mir hin, ohne mich zu sehen.

»Hast du was von meinem Bruder gehört?«

»Wie kommst du jetzt auf deinen Bruder?«

»Nur so. Lass man, hat nichts zu sagen.«

»Gefällt dir mein Babydoll nicht mehr?«

»Was soll das denn?«

Vor Schmerz und Zorn trabte ich im Zimmer hin und her.

»Sag mal, was machst du da?«, fragte er, sein Bier trinkend.

»Nichts ...«

»Dann setz dich und hör auf, so herumzuhampeln, da kriegt man ja den Drehwurm.«

Ich ging meinen Morgenmantel überziehen, dann setzte ich mich neben ihn vor den Fernseher. Es lief die *Neckerklinik*, die Donnerstags-Serie. Wir tranken unser Bier, aber er ist nicht eingeschlafen. Auf einmal nahm er meine Hand, ohne die Mattscheibe aus dem Auge zu lassen. Ich rührte mich nicht. Vielleicht, dass er mich ja in meinem alten Schlafrock liebte. Ich schielte von der Seite nach ihm, mein Herz klopfte. Und wenn nun zwischen uns alles anders würde, jetzt, nachdem er mich beinahe betrogen hatte? Der Abspann kam, er stand auf, ich machte den Kasten aus. Er ging als Erster ins Bett. Ich putzte mir gründlich die Zähne, dann schlüpfte ich unter die Decke, als wäre es das erste Mal. Ich wandte mich zur Seite, um das Licht auszuknipsen. Er legte seine Hand auf meine Pobacken, und ich blieb so verrenkt, vor Verlangen bebend, liegen. Kurz darauf hörte ich seinen Atem gleichmäßig gehen, seine Hand wurde schlaffer, fiel aufs Laken, er fing an zu schnarchen.

Ich schloss die Augen in Gedanken an Gisèles lange Fingernägel. Und versuchte mir vorzustellen, wie ich durch die Träume nebenan als Chinesin geisterte.

Es war der erste Sonntag im Monat, und wie an jedem ersten Sonntag im Monat fuhren wir zu meiner Mutter zum Mittagessen.

Am zweiten Sonntag aßen wir bei seinen Eltern.

Am dritten Sonntag aßen wir bei seinem Bruder, aber nur so lange, bis er Gisèle sitzenließ. Stattdessen lud Gisèle uns, zusammen mit ihrer Mutter, jetzt in ein vegetarisches Restaurant ein.

Am vierten Sonntag blieben wir zu Hause, denn da kamen alle zum Essen zu uns.

Meine Mutter, das muss ich zugeben, ist eine Starköchin, wie das in ihren Kreuzworträtseln heißt: Auf kalte und warme Vorspeisen folgt das Hauptgericht samt Beilage, dann kommen Salat mit Croûtons und verschiedene Käse vom Markt – doch nicht von irgendeinem Markthändler, nein, Käse direkt von einem einsamen alten Bergbauernhof, die je nach Jahreszeit nach geronnener Milch oder Lämmerpisse stinken –, dann hausgemachte Torte, meistens Schwarzwälder Kirsch oder Schokoladenbiskuit. Und zum Kaffee noch kleines Backwerk, frisch aus dem Ofen, das sie Financiers nennt und das dermaßen locker ist, dass es ganz heiß gegessen werden muss, sonst wird es sofort hart.

Mein Mann, der auch an Sonntagen früh aufstand, bat um die Erlaubnis, sich nach den Verdauungsschnäpsen eine Weile aufs Ohr zu legen. Was meiner Mutter Anlass bot, sich gerührt über den erschöpften, schwer arbeitenden Mann zu verbreiten und den ganzen Nachmittag einen endlosen Monolog zu halten. Na ja, was vom Nachmittag übrigblieb.

»Du siehst, wie er dich liebt. Er wenigstens hält große Stücke auf meine Küche. Da kannst du dich glücklich schätzen.«

Und regelmäßig antwortete ich: »Ja, vielen Dank.«

»Und dann bist du nicht ganz allein. Ich will mich nicht beklagen, zum Glück habe ich ja dich, habe ich euch. Ich wollte so gerne etwas für mich ganz allein haben. Einen Sohn. Gut, das hat nicht sollen sein, ich bekam eine Tochter, dafür kannst du nichts, das ist Schicksal. Ich musste nur einen neuen Namen finden. Aber die Baby-Ausstattung, weißt du, die ist blau geblieben. Die Mittel hatte ich ja nun nicht.«

Der letzte Satz klang vorwurfsvoll. Und während sie unsere Geschichte wiederkäute, blieb ich wie jeden ersten Sonntag im Monat still. Ich schwieg, um Konflikte zu vermeiden. Sie war jetzt zu alt, um verstehen zu können, was für ein Schmerz es war, dass man nie zu einem Mann Papa sagen durfte – dem einzigen Mann, der mich in die Arme genommen hätte ohne die Absicht, mich aufs Bett zu werfen.

Aber ich redete mit ihr nie über mein Leben. Also redete sie über ihr Leben wie eh und je.

»Das Einzige auf der Welt, was mir gelungen ist, bist du. Und die Opfer, die ich dafür gebracht habe, bedaure ich nicht, weißt du. Ein Kind ist das Wunderbarste, was einer Frau passieren kann, vor allem, wenn man allein ist wie ich. Zum Anbeißen fanden dich alle, als du klein warst. Wie war ich stolz auf dich! Es stimmt schon, wenn man sagt, eine Frau, die kein Kind geboren hat, ist keine richtige Frau.«

Ich sah sie an und fragte mich, ob sie sich bewusst war, was sie da sagte, und ob sie es absichtlich sagte, um mir weh zu tun – schließlich konnte ich wohl nie mehr ein Kind bekommen.

Und so verlief mein erster Sonntag im Monat konfliktlos zwischen einem schnarchenden Ehemann und einer Mutter, die sich immerfort beglückwünschte, dass sie mich in die Welt gesetzt hatte.

Jedes Mal, wenn wir von ihr aufbrachen, ging ich mit vollem Bauch und leerem Herzen. Und mit einem inneren Aufruhr, den der Sicherheitsgurt im Wagen alsbald abwürgte. Ich lehnte meinen Kopf an die Schulter meines Mannes, er stieß mich zurück.

»He! Willst du, dass wir einen Unfall bauen?«

Also guckte ich, die Nase an der Scheibe, auf die Seine hinaus, auf die Vergnügungsschiffe, von denen ich noch nie eins betreten hatte, auf die Kopie der Freiheitsstatue, die ringsum eingerüstet war, und sah uns ins Wasser stürzen, zwischen die toten Fische im Morast der Lichterstadt.

Als ich ihm dieses Mal meinen Kopf auf die Schulter legte, stieß er mich nicht zurück. Konzentriert auf den Verkehr, fragte er: »Würdest du mir's sagen, wenn du mich betrügen würdest?«

Ich suchte nach einer Antwort.

»Und du?«

Er zuckte die Achseln. Schweigend saßen wir da mit unseren Fragezeichen.

»Na«, sagte er nach einer Weile, »das Problem stellt sich ja nicht, oder?«

»Nein, nein.«

Und ich fragte mich, von wem die Rede war.

Die folgenden Tage vergingen quälend langsam. Ich wagte es nicht, ihn noch einmal auf das Thema zu bringen, um herauszukriegen, ob er an mir zweifelte oder ob er ein schlechtes Gewissen hatte, weil er sich von einer Unbekannten hatte küssen lassen.

Endlich kam der Donnerstag. Er ging ins Kino, als ob nichts wäre.

Fieberhaft wechselte ich die Schuhe. Ich schnürte mir den Lackledermantel in der Taille, setzte meine schwarze Perücke auf, hüllte mich in Orchideenduft, dann betrachtete ich mich im Spiegel.

Dieses Mädchen da war wahrhaftig nicht ich. Ich erkannte mich nicht wieder. Sie sah nicht einmal aus, wie ich gern ausgesehen hätte. Sie war mir fremd. Alles, was ich wusste, war, dass sie jetzt zu einem Mann ins Kino ging, der ebenfalls ein Anderer sein würde. Obwohl er trotzdem mein Mann war. Der mir vor Zeugen Treue geschworen hatte, in guten wie in schlechten Tagen. Der Erste, der wirklich mich gemeint hatte, als er sagte: »Ich will, dass du mein Leben teilst«, an einem Novemberabend, in einem kleinen Hotelzimmer am Bahnhof Montparnasse, nach der Einladung zum *Großen Preis*.

Warum liebte er den Geruch meiner Haut nicht mehr? Ich besprühte mich noch einmal mit Orchidee, als wollte ich meine Traurigkeit ersäufen. Nun wusste ich, was ich mir zum nächsten Hochzeitstag wünschen konnte.

Diese Woche gab es keinen Kriegsfilm. Aber noch immer das Festival des asiatischen Films. Für den Veranstalter war das billiger, als die neuesten Streifen zu zeigen. Oft kam er bei uns eine Filmzeitschrift kaufen. Es war ein kleiner weißhaariger Mann, der seufzend von Premieren träumte, wie er es nannte. Ein Quartierkino, erklärte er uns immer wieder, so was laufe heutzutage nicht mehr. Aber er wolle sich von den großen Kinoketten nicht schlucken lassen. Er wolle nicht seine Seele verkaufen, sagte er.

Diesmal waren auf dem Plakat zwei blutjunge Chinesinnen im Gegenlicht zu sehen, die zu Boden blickten.

So leise ich konnte, betrat ich den dunklen Saal, aber wie beim letzten Mal war kaum jemand da. Nun erkannte ich ihn, er saß auf demselben Platz, ich schlich mich in die Reihe dahinter. Leicht wandte er den Kopf. Er musste mein Parfüm gerochen haben. Ich schnupperte nach ihm, als ich mich setzte. Sieh an, auch er hatte einen neuen Duft, Eau de Toilette oder Haargel? Nein, es war das Popcorn, was so roch. Er trug das Oberhemd, das ich ihm am Morgen gebügelt hatte. Mit Schlips. Er musste ihn, bevor er ging, in die Tasche gesteckt und sich im Fahrstuhl umgebunden haben, um Fragen zu vermeiden. Ich beugte mich ein bisschen weiter vor. Oh, das gibt's doch nicht, es war die schöne Krawatte von unserer Hochzeit! Sicher stand sie ihm wunderbar, aber trotzdem … Ich sank in meinen Sessel zurück.

Er fing an ungeduldig zu werden. Er breitete die Arme aus und legte sie verlangend auf die Rückenlehne der Nachbarsitze. Er bog den Kopf nach hinten, schaute zur Decke. Schön sah er so hingegeben im Dunkeln aus.

Mich juckte es, ihm ein »*Yi-hi*« ins Ohr zu flüstern, so wie die Mädchen vor uns im Film. »*Yi-hi*«, antwortete er mit einer Stimme, dass die Leinwand hätte erröten müssen. Ganz zart knabberte ich an seinem Ohr, wanderte mit den Lippen seinen Hals hinunter, ich lockerte ihm unsere Krawatte und glitt mit zwei Fingern behutsam zwischen die Knöpfe seines faltenfreien Oberhemds.

»*Wǒàinǐ*«, sagte er da zu mir.

In fehlerfreiem Chinesisch. Genau wie sie vor mir auf der Leinwand sprachen und wo im Untertitel stand »Ich liebe dich«.

Auf der Stelle schmolz ich hin vor Glück, bis ich kapierte, dass er »ich liebe dich« zu einer fremden Frau gesagt hatte, auch wenn es seine eigene Frau war, was er aber nicht wusste.

Ich riss ihm einen Hemdknopf ab, so wütend war ich auf mich, stand auf und sagte mit einem so chinesischen Akzent wie möglich: »Morgen, gleiche Zeit, gleicher Ort.«

Genau der Untertitel, der auf der Leinwand zu lesen stand, während die beiden Mädchen, die aus einiger Entfernung vom Chef ihrer Werkstatt überwacht wurden, ein verstohlenes Lächeln tauschten. Was aber mein Mann nicht sah, weil er ihnen den Rücken kehrte. Ich hörte seinen Sessel knarren, als er mir im Dunkeln nachsah. Wenn er morgen zu dem Rendezvous geht, verlasse ich ihn, sagte ich mir.

Ich war eifersüchtig auf mich selbst. Unter der Dusche rieb ich mich, aber lustlos. Ich dachte an meine beiden sexuellen Abenteuer, bei denen ich eine Menge gelernt hatte. Mit was für Neuigkeiten hätte ich meinen Mann verwöhnen können … Jetzt aber war ich mir sicher, dass er zwar Lust auf Neues hatte, nur nicht mehr mit mir.

Während ich auf ihn wartete, bereitete ich ein gutes Essen vor, legte ein hübsches Tischtuch auf – wie meine Mutter. Ich schminkte mich, zog mir ein Kleid an und Stilettos, fast so hoch wie die der *Anderen*, dann kaute ich, bis er kam, auf dem Hemdknopf herum, den ich ihm abgerissen hatte.

Er klingelte, was noch nie vorgekommen war. Ich ließ den Knopf in einer Vase verschwinden und öffnete erstaunt, mit strahlendem Lächeln, die Tür.

»Ich muss im Kino meine Schlüssel verloren haben. Es war so heiß, und ich hatte mein Jackett ausgezogen; sie müssen mir rausgefallen sein.«

»Wenn du willst, gehe ich morgen nachsehen«, sagte ich in betörendem Tonfall. »Welches Kino ist es denn?«

»Lass nur, ich gehe selber.«

Und er verschwand im Schlafzimmer, ohne einen Blick auf mich zu werfen, ohne das schöne Kleid zu sehen, den schönen Tisch, noch alles Übrige. Er kam im Oberhemd wieder, mit loser Krawatte.

»*Das* war ein Tag. Sogar einen Knopf habe ich verloren. Kannst du mir den wieder annähen?«

»Hoffentlich finde ich einen passenden. Ach, du hattest die Krawatte von unserer Hochzeit um?«

Er brummte etwas wie, eine Krawatte sei eine Krawatte, und die müsse man tragen dürfen. Damit ging er ins Bad, von wo er rief: »Iss ruhig, ich habe heute Abend keinen Hunger, ich gehe ins Bett. Und mach das Fenster zu, sie haben für heute Nacht Sturm angesagt.«

Ich hörte das Wasser laufen, das Geräusch der Zahnbürste, dann der Tür zum Schlafzimmer. Da habe ich mich hingesetzt, habe in die Gegend gestiert und mir gesagt, jetzt gehe ich. Ja, ich werde meinen Platz für die andere Frau frei machen, in die er sich verliebt hat. Nein, ich werde kein Theater machen. Sollen sie sich lieben können, ohne sich in einem Kino verstecken zu müssen.

Er kam noch einmal ins Zimmer.

»Ich habe Durst. Sag mal, was machst du hier so allein, kommst du nicht ins Bett?«

Er holte sich aus der Küche ein Bier, das er vor mir aus der Flasche trank, wobei er mich komisch ansah. »Führst du neuerdings Selbstgespräche? Was ist los mit dir, Nina?«

Seit Wochen hatte er mich nicht mit meinem Namen angesprochen. Seit Monaten womöglich. Mich trafen die zwei Silben wie eine Ohrfeige.

»Nichts«, sagte ich. »Wer sich hier sonderbar benimmt, bist du. Du hast dich verändert.«

»Ich habe mich verändert, weil du nicht mehr dieselbe bist.«

Mit dem Finger auf mich zeigend, die andere Hand in die Hüfte gestemmt, hatte er sich vor mir aufgepflanzt. Lächerlich sah er aus in seinem T-Shirt und seinen karierten Shorts.

»Ich weiß nicht, was passiert ist, aber seit mein Bruder sich von Gisèle getrennt hat, erkenne ich dich nicht wieder.«

»Hör doch mit deinem Bruder auf! Was hat denn der immer zwischen uns zu suchen?«

»Er und ich, wir waren wie die Finger einer Hand, verstehst du?«

»Ja und? Was kann ich dafür, dass er meine Freundin sitzengelassen hat?«

»Ist dir mein Schmerz wirklich egal? Warum bist du so zu mir, Nina, warum? Das kann so nicht weitergehen! Ich lebe nicht mehr, deinetwegen!«

Ich hielt seinem Blick stand. Er wirkte vollkommen aufrichtig, völlig mit sich im Reinen und ganz der Überzeugung, dass ihm Unrecht geschah. Er redete sich gegen mich in Rage, damit er einen Grund hatte, mich zu verlassen, wo ich selbst an dem Punkt war zu gehen. Am liebsten hätte ich ihn geohrfeigt, damit er aufhörte, sich Geschichten einzureden und andere zu verklagen, und gleichzeitig fand ich ihn so rührend, so verletzlich, mir so vollständig ausgeliefert. Ein einziges Wort nur vom Festival des asiatischen Films, und er wäre in den Staub gesunken.

»Darf ich fragen, weshalb du lächelst?«, fragte er scharf.

»Ich dachte an morgen.«

»Und?«

Ich blickte ihm in die Augen, und in derselben Sekunde begriff ich, dass er, wenn ich gehen würde, mutterseelenallein dastünde.

Um fünf Uhr zwanzig schlug ich die Augen auf. Mein Mann war unter der Dusche, und zum ersten Mal, seit wir verheiratet waren, hatte er mich nicht angerührt. Dass drei Minuten nichts Aufregendes sind, wusste ich, aber immerhin. Ich war dran gewöhnt. Mit einem Satz sauste ich aus dem Bett. Ich hatte kein Recht, ihn so allein zu lassen, er litt, er wusste nicht mehr aus noch ein, und es war meine Schuld.

Entschlossen riss ich die Tür zum Badezimmer auf.

»Ich muss dir was sagen, Roger. Die Schwarzhaarige mit dem Orchideenparfüm, die Frau in der hinteren Reihe, das bin ich.«

»Unter der Dusche versteht man nichts«, schrie er gereizt.

Ich hatte nicht den Mut, es noch einmal zu sagen. Er war zu kaputt, er ging zu sehr auf dem Zahnfleisch, und ich fühlte mich immer stärker schuldig. Schuld, dass ich mich in seine Phantasie eingeschlichen, schuld, dass ich ihn angemacht und so viel Vergnügen daran gefunden hatte. Er hatte recht: Ich war anders zu ihm geworden, ich quälte ihn, schließlich hatte ich ihn als Erste betrogen. Und das spürte er, auch wenn er sich aus Angst die Wahrheit nicht eingestehen wollte.

Das Einzige, was wir tun konnten, war, nicht wieder ins Kino gehen. Diese Frau durfte es nicht mehr geben. Wir mussten sie vergessen.

»Ist der Kaffee fertig?«

Er schlang sich das Badetuch um die Hüften und drängte sich, indem er mich beiseiteschob, an mir vorbei, ohne auch nur zu bemerken, dass ich halbnackt war.

Ich habe Kaffee gemacht. Habe unsere beiden blauen Tassen auf die blauen Untertassen gestellt, das kleine Holzmesser in die Butter gesteckt, das Brot getoastet, die Deckel vom Honig und von den Konfitüren abgenommen wie jeden Morgen. Während ich ihm seine vier Zuckerwürfel in den Kaffee tat, dachte ich, dass unser stilles Einverständnis sich heute auf diese vier Zuckerwürfel begrenzte, und war mir sicher, dass er mich verlassen würde. Ich lief zum Schlafzimmer, um ihm noch einmal die Wahrheit zu sagen, aber als ich ihn drinnen sprechen hörte, blieb ich stehen. Leise öffnete ich die Tür.

»Nǐhǎo wǒjiào Roger.«

Er sprach chinesisch? Aber mit wem? Sie hatte ihm doch nicht ihre Telefonnummer gegeben. Nein, er hatte Kopfhörer auf und wiederholte: *»Nǐhǎo wǒjiào Roger.«* Guten Tag, ich heiße Roger.

Es war der vierte Sonntag im Monat, und alle waren zum Essen bei uns. Fünfunddreißig Teller, vierundsechzig Besteckteile, einundzwanzig Gläser, dazu Schüsseln, Pfannen, Töpfe, und die Spülmaschine kaputt. Das Käsesoufflé war zusammengefallen, die Lammkeule zu gar, und die am Topfboden angebackenen Kartoffeln waren zu Matsch zerkocht. Ich lief die ganze Zeit zwischen Tisch und Küche hin und her, so sehr schämte ich mich. Als ich endlich das Dessert, das meine Mutter gemacht hatte, auftrug, gerieten alle in Verzückung über ihre mit Mousse au chocolat gefüllte Biskuittorte und schwärmten von Spezialitäten in den Restaurants, die sie kannten, wo alles so raffiniert und köstlich war. Nur mein Mann sagte nichts. Er aß aber auch nichts. Niemand war am Freitag ins Kino gekommen, und er grollte mir, ohne zu wissen, wie recht er damit hatte.

Gut ging es auch mir nicht. Ich fühlte mich vereinsamt, sah sein Unglück und fragte mich, wozu das alles … Um am Freitag fortzukommen, hatte er einen Termin beim Osteopathen erfunden; und ei-

ne halbe Stunde später war er wiedergekommen: Er habe sich im Tag geirrt. Womit er sich einen Vorwand für ein nächstes Rendezvous offenhielt. Und das kränkte mich am meisten, eine solche Mickrigkeit, ein solches Unvermögen, eine Ausrede zu erfinden. Ich sah, wie er sich prüfend, mit einer Mischung aus Stolz, Unruhe und Verwunderung, im Spiegel betrachtete: Warum mochte sie ihn erwählt haben? Ob er wohl eine Chance hätte, ihr im Tageslicht zu gefallen, in seiner simplen Alltagsgestalt, in seinem Kiosk? Ich ahnte, wie schwer es ihm fiel, sich das Leben dieses Mädchens außerhalb des Kinos vorzustellen, und es rührte mich unwillkürlich. War ich eine illegale Einwanderin? Oder eine Diplomatenfrau, die das Festival des asiatischen Films aus Heimweh besuchte?

»Du bist nicht mehr du selbst«, hatte meine Mutter beim zweiten misslungenen Gericht zu mir gesagt.

Als ich nach dem Abräumen aus der Küche kam, spielte sie mit Henriette, Gisèles Mutter, Karten, und meine Schwiegermutter zog eben ihren Mantel an.

»Roger geht mit uns einen Film ansehen.«

Mich überkam von Kopf bis Fuß das Zittern. Er hatte kein Recht, seine Familie da mit reinzuziehen. Ich versuchte zu lächeln.

»Und was seht ihr euch an?«, fragte ich ihn so natürlich wie möglich.

»Den Film vom letzten Donnerstag. Der wird ihnen bestimmt gefallen.«

»Ich komme mit«, sagte Gisèle.

»Und Sie, Nina, kommen Sie nicht auch mit?«, wunderte sich meine Schwiegermutter.

»Ich finde Kino nicht so toll.«

»Jedem sein Vergnügen«, erklärte mein Mann, seine Jacke anziehend.

Früher sei ich so gerne ins Kino gegangen, sagte meine Mutter. Das sei normal, meinte Gisèle, gerade das, was man besonders geliebt hat, stößt man von sich.

»Sie vielleicht«, sagte meine Mutter. »Ich ändere meine Vorlieben nie. Ich bin doch keine Wetterfahne.«

Mein Mann ging achselzuckend hinaus. Meine Schwiegermutter fragte noch einmal, ob ich nicht doch mitkommen wolle, aber ihr Mann zog sie ebenso freundlich wie bestimmt auf den Treppenabsatz hinaus, nach dem Motto: Lass doch jeden machen, wie er will. Gisèle zog die Tür hinter sich zu.

»Du hättest dich ruhig überwinden können«, sagte Mama, »und mit ins Kino gehen, wenn dein Mann es wünscht.«

»Seine Mutter hat mich gefragt, nicht er.«

»Dann erst recht. Wenn er sich eines Tages scheiden lässt, dann weißt du warum. Aber mach nur so weiter. Spielst du mit? Henriette zuliebe.«

Henriette zog eine gütig abwehrende Miene, damit ich mich ja nicht genötigt fühlte. Sie war das genaue Gegenteil meiner Mutter, still trug sie ihr Schicksal, ohne zu klagen. Und auch das Gegenteil ihrer Tochter: Gisèle begegnete ihr mit ebenso leidenschaftlicher Liebe wie unerwarteten Ruppigkeiten, und eins wie das andere nahm Henriette mit gleichbleibender Sanftmut hin.

»Danke, nein«, sagte ich lächelnd, »ich muss den Abwasch machen.«

Die Augen gen Himmel verdrehend sagte meine Mutter, ich hätte immer für alles eine Ausrede.

»Das ist keine Ausrede, die Spülmaschine ist kaputt.«

»Geht diese Maschine denn nie?«

»Doch, wenn ich allein bin.«

Und ich verschwand in der Küche.

Da fing sie an sich bei Henriette zu beklagen, ich sei so aggressiv, ich ließe mich gehen; kurzum, sie fände mich unbegreiflich; manchmal frage sie sich schon, ob ich überhaupt ihre Tochter sei. In der Zeitung habe sie gelesen, dass in den Geburtskliniken mitunter Kinder vertauscht würden.

»Übrigens, das erste Wort, das sie mit dreizehn Monaten gesprochen hat, war ›Papa‹.« Und das hätte ich zu einem Kerl gesagt, der ihr den Fernseher reparierte. Nie habe sie das vergessen können. »Es hat mir einen solchen Stich gegeben …«

»Vielleicht spricht sich ›Papa‹ leichter als ›Mama‹«, meinte Henriette versöhnlich.

»Aber sie hatte doch gar keinen, zu dem sie es sagen konnte! Das war extra nur gegen mich, um mich vor diesem Handwerker herabzusetzen!«

So gelassen ich das Gerede meiner Mutter sonst ertrug, diesmal stürzte ich aus der Küche und brüllte, das Geschirr könne warten, ich müsse erst mal an die frische Luft. Bevor ich loslief, holte ich die Plastiktüte mit meiner Perücke, dem Parfüm und den Kinoklamotten hervor. Doch im Korridor dann drehte sich auf einmal alles. Mit geschlossenen Augen klammerte ich mich an die Heizung. Da hörte ich meine Mutter sich darüber auslassen, wie schwer es für sie mit einer Tochter sei. Anstatt mit einem Sohn. Söhne hingen ein Leben lang am Rockzipfel der Mutter. Und blieben für immer ihr kleines Herzblatt. Henriette versuchte ein Wort einzuwerfen, nur um zu sagen, dass sie das verstehe, schließlich habe sie auch eine Tochter …

»Ja«, fiel meine Mutter ihr scharf ins Wort, »aber ich habe sie ganz allein großgezogen.«

Hierauf herrschte Grabesstille. Ich öffnete die Augen. Meine Mutter mischte die Karten.

»Woran war Ihr Mann doch gleich noch mal gestorben?«

»Er ist doch nicht gestorben«, protestierte Henriette mild. »Er ist in einer Anstalt.«

»Tatsächlich?«

»O ja«, sagte Henriette mit einem langen Seufzer.

»Das ist auch wieder so eine Unart von meiner Tochter: Manchmal redet sie derart leise und schnell, dass ich kaum ein Wort verstehe, und dann kommt so was dabei heraus. Sie wird sich bei Ihnen entschuldigen.«

Das mache doch keinen großen Unterschied, sagte Henriette, wenn man bedenke, in welchem Zustand ihr Mann sei. Dann erklärte sie ihr laut und deutlich, dass sie ihn so lange zu Hause behalten hatte, wie sie nur konnte, bis er sich eines Tages ein Schweizer Messer schnappte und ihr die Gurgel abschneiden wollte wie einem Huhn. Wo sie so eine kleine Person ist. Zuerst glaubten die Ärzte, es sei eine vorübergehende Geistesstörung, wegen einer Ehekrise vielleicht, aber mit der Zeit hätten sie dann von Schizophrenie gesprochen.

»Oh! Wenn es nach den Ärzten ginge, würden wir alle eingeliefert«, stellte meine Mutter fest.

»Ich brauche Menschen gar nicht mit Hühnern zu verwechseln, um Mordgelüste zu kriegen. Sie sind dran.«

Die Worte schwirrten nur so um mich, und ich bekam einen Kloß im Hals. Schizophrenie, Ehekrise, Schweizer Messer …

»Wo er ein so ruhiger Mensch war«, beharrte Henriette.

Ruhig, das war ich auch. Auch ich habe nie was gesagt. Jedes Mal wenn ich als Kind einen Versuch wagte, mich meiner Mutter anzuvertrauen, bekam ich zur Antwort: »Genug Probleme für heute.« Probleme hatte sie auf der Arbeit übergenug. Im Dienst musste sie sich so viele Klagen anhören und mit Querköpfen herumstreiten; zu Hause wollte sie ihre Ruhe haben. Deshalb war ich schließlich auch in die Klosterschule gekommen. Mit dem Ruhestand wird sich das geben, hatte ich gedacht, aber sie war dieselbe geblieben, auch ohne ihren Schalter.

»Genug palavert, spielen wir!«

Henriette nahm ihr Pillenschächtelchen vom Tisch und schluckte eine Tablette.

»Wenn das man nicht bloß Pfefferminzpastillen sind, denn wenn Sie homöopathische Sachen nehmen – die helfen doch nicht.«

»Nein, das ist fürs Herz.«

»Ein Glück«, sagte meine Mutter. »Sie müssen eine Karte aufnehmen.«

Dann sah sie mich in der Tür stehen.

»Ich dachte, du wärst weg«, sagte sie. »Na, nun mach schon, geh deine Luft schnappen!«

Sie hatte mich nie angehört. Mein Mann sah mich nicht mehr. Der einzige Moment, in dem ich einmal nicht einsam war, war eigentlich nur, wenn ich die *Andere* wurde. Eine, die keine Vergangenheit hatte, keine Bindungen, keine Verpflichtungen. Eine, die weder Enttäuschung noch Ungerechtigkeit kannte. Eine, von der man träumen konnte.

Vor dem Kino angelangt, zögerte ich. Wer sollte hineingehen, ich oder die *Andere*?

Der Typ an der Kasse sagte, ohne aufzusehen, der Film habe schon angefangen. Macht nichts, sagte ich, ich hätte ihn sowieso schon gesehen, bezahlte und trat mit der *Anderen* im Plastikbeutel in das Dunkel. Sie saßen alle vier in einer mittleren Reihe nebeneinander. Ich huschte hinein und setzte mich neben meinen Mann, der außen saß.

»Geht's dir gut?«, murmelte ich schüchtern, weil ich dort als ich selbst erschien.

»Warum bist du gekommen?«, fragte er mit gepresster Stimme.

»Weil ich an einem Sonntag bei dir sein will«, sagte ich im zärtlichsten Ton. »Damit du siehst, dass ich mich nicht verändert habe.«

Er gab keine Antwort. Wenige Minuten später warf er einen Blick nach dem Eingang. Sanft legte ich meine Hand auf seinen Arm, näherte mein Bein seinem Bein, aber beides zog er mit einem Ruck zurück. Ich presste mit ganzer Kraft meinen Plastikbeutel an mich.

Da stand in unserer Reihe ein fremd aussehendes Mädchen mit langen schwarzen Haaren von ihrem Sitz auf. Ich sah sie im selben Augenblick wie mein Mann. Geschmeidig, katzengleich glitt sie an uns vorüber, wobei sie mir gegen die Knie stieß und mir mein Plastikbeutel runterfiel. Orchideenduft stieg aus dem Beutel auf und hüllte das Mädchen ein. Mein Mann zuckte zusammen. Ohne dass er sich gerührt hätte, zog es seinen ganzen Körper nach ihr hin, und in dem Moment begriff ich, wie sehr er sie begehrte und wie sehr er sich meinetwegen bezwang. Das hat mich tief aufgewühlt. Noch nie, glaube ich, hatte ich so stark für ihn existiert.

Plötzlich blieb sie stehen. Mir stockte der Atem. Sie kehrte um, kam noch einmal, des Films wegen gebückt und das Gesicht unter den langen Haaren verborgen, um ihren Regenschirm zu holen, den sie an ihrem Platz vergessen hatte, dann verließ sie auf der anderen Seite den Saal, um dieselben Leute nicht zum dritten Mal zu stören.

Mein Mann sprang auf. Ohne es zu merken, trat er mir auf den Fuß. Er ging ebenfalls hinaus. Ohne zu überlegen, nahm ich meinen Plastikbeutel und lief ihm, unter Gisèles Protesten, hinterher: Wenn es einem nicht gefalle, sagte sie, könne man doch die anderen in Ruhe gucken lassen.

Ich war nicht unglücklich, nein, ich war verletzt,

dass er mich mit einer Unbekannten hatte verwechseln können. Ich musste mit ihm reden, ihm die Wahrheit sagen: Dass es nicht diese war, dass das eine war, die mit uns gar nichts zu tun hatte.

Aber als ich aus dem Kino trat, sah ich, wie er völlig verloren rechts und links nach ihr suchte: Sie war verschwunden. Er setzte sich auf eine Bank, die Arme auf die Rückenlehne gebreitet, den Kopf im Nacken wie an dem Tag unseres ersten Kusses. Und ich bekam schreckliche Lust auf ihn. Schreckliche Lust, mit diesem Mann Liebe zu machen, ohne dass er mich erkannte. Damit wir ein zweites Mal zusammenkämen, dann aber als die, die wir im Grunde unserer selbst waren, frei und neu, ohne unseren ganzen blöden Kindheitskram, ohne die Ängste und Hemmungen, die uns zu diesem erbärmlichen Ehepaar, einem Paar von zwei Unbekannten, gemacht hatten. Aber das alles ging jetzt nicht. Es war Sonntag, die Familie war versammelt, wir hatten Pflichten zu erfüllen, so zu tun als ob. Es lag ja noch so viel Zeit vor uns. Sollte er mit seiner Enttäuschung ruhig dort sitzen bleiben.

Da er mich nicht aus dem Kino hatte kommen sehen, ging ich wieder hinein.

Ich setzte mich neben Gisèle, und weil sie nicht aufhörte zu fragen, was denn los sei, sagte ich, sie solle die Klappe halten. Ziemlich grob, das stimmt.

Ich mochte zwei Minuten zugesehen haben, da fielen mir die Augen zu. Als das Licht anging, hatte ich Gisèles Zeigefinger vor der Nase.

»Ich weiß nicht, was mit deinem Mann los ist«, flüsterte sie, damit meine Schwiegereltern es nicht hörten, »aber er benimmt sich genauso wie sein Bruder. Wenn du dich nicht ein bisschen zusammenreißt, kannst du deine Ehe vergessen.«

Ihr Finger tanzte vor meinem Mund, ich biss hinein. Sie unterdrückte einen Aufschrei, und ich ging mit meinem Plastikbeutel hinaus. Mein Mann saß noch immer auf der Bank. Ich sagte ihm, ich ginge zu Fuß nach Hause, er könne seine Eltern alleine zur Malakoff-Vorstadt hinausfahren.

»Wieso das denn, was fällt dir ein?«

»Ich bin nicht mit ihnen verheiratet, und du nicht mit meiner Mutter. Haben wir nicht das Recht, unseren Sonntag allein miteinander zu verbringen? Einmal muss damit Schluss sein, dass man sich von allen auffressen lässt!«

Mit zusammengepressten Zähnen sagte er, ich solle den Mund halten; er ging zu seinen Eltern und zog sie, ohne einen Blick für mich, mit sich zum Parkplatz fort. Gisèle nahm mich beiseite und sagte, mit Aggressivität würde ich meine Probleme nicht in den Griff kriegen; ich hätte nur eine einzige Freundin, und wenn ich anfinge, die zu beißen, wenn sie mir die Meinung sagte, brauchte ich nicht mit ihr zu rechnen, wenn ich erst mal ganz allein dastünde. Ich sagte, ich sei nicht geimpft, sie solle sich schleunigst eine Tetanus-Spritze geben lassen. Sie machte kehrtum und zückte ihr Handy, um nach einer diensthabenden Apotheke zu fahnden. Ich ertrug die Menschen, die ich liebte, nicht mehr, und das war nicht ihre Schuld, ich verpfuschte mein Leben, na wenn schon. Ich sah auf meinen Plastikbeutel und lockerte mechanisch die Finger, als sollte die andere Frau zu Atem kommen.

Auf dem Heimweg fühlte ich, wie mein Entschluss mit jedem Schritt erstarkte. Ich würde weggehen. Verschwinden. Und eines Tages als die *Andere* wiederkommen. Vielleicht. Ganz sie werden.

Wegen der Verkehrsstaus blieb mir, bis Roger aus Malakoff zurückkäme, eine Stunde Zeit, meine Mutter und Henriette loszuwerden, meinen Koffer zu packen und ein paar Worte zu hinterlassen. Ich entwarf sie im Kopf, während ich an den Häusern entlanglief, die ich nicht wiedersehen würde. Ich erklärte, rechtfertigte, dann strich ich alles durch; stehen blieb nur: »Ich gehe.« Ich würde abhauen, ja, irgendwohin, egal wo.

Und dann kam alles anders. Als ich die Wohnungstür öffnete, fand ich meine Mutter in völlig aufgelöstem Zustand. Henriette saß mit angelehntem Rücken, den Kopf über die Karten gebeugt, auf ihrem Stuhl.

»Jetzt haben wir's: Du hast kein Handy, ich kann dich nie erreichen! Ich habe meinen Arzt angerufen: Da ist auf Anrufbeantworter geschaltet!«

Sie solle sich beruhigen, sagte ich. Ich fühlte Henriette den Puls. Ich war traurig, weil ich sie sehr gern gehabt hatte, und gleichzeitig sagte ich mir: Das sieht ihr ähnlich, tritt einfach so ab, still und leise, ohne ein Wort, ohne Aufhebens zu machen. Meine Mutter nahm die Whiskyflasche und goss sich ein halbes Glas voll ein.

»Willst du das alles trinken?«

»Soll ich etwa auch einen Herzanfall kriegen? Wen rufst du an?«

»Gisèle. Auf ihrem Handy.«

»Manche haben's eben gut.«

Sie kamen alle auf einmal. Gisèle stürzte auf ihre Mutter zu und wollte sie in die Arme schließen, das aber mit einem solchen Schwung, dass die vom Stuhl fiel. Die Eltern meines Mannes schrien »Oh« vor Schreck; und meine Mutter, die bei ihrem dritten Whisky war, sagte: »Mir ist nicht wohl.«

Gisèle blieb der Mund offen stehen, kein Ton kam heraus. Und dann redeten alle gleichzeitig und fuchtelten um Henriette herum mit den Händen. Die einen sagten, man müsse sie wieder hinsetzen, die anderen, man solle sie besser nicht bewegen. Ich konnte gar nichts denken. Ich hörte, handelte, war aber wie weggetreten.

»Man muss ein Beerdigungsinstitut anrufen«, entschied mein Mann.

»Das Rathaus!«, riet mein Schwiegervater. »Dafür sind *die* zuständig.«

Ich erinnerte daran, dass es Sonntag war.

»Die Kirche«, schlug meine Schwiegermutter vor.

»Niemals!«, sagte Gisèle, die ins Leere starrte. »Einen Notarzt!«

Ich blickte auf Henriette, versuchte für ihre Seele zu beten, aber es ging nicht, die frommen Schwestern hatten mir Gott verdorben. Ich fragte mich, wo sie jetzt war, ob sie uns sah, oder ob sie schon weit weg war und ihr ganzes voriges Leben hinter sich gelassen hatte, wie ich es vor einer halben Stunde für mich selbst beschlossen hatte. Ich sagte mir, dass mein Entschluss gefasst war und dass er gültig blieb. Aber ich hatte den Elan verloren: Ob ich noch einmal den Mut aufbringen würde?

Mein Mann machte Kaffee und schenkte jedem ein. Als er an mir vorbeiging, drückte er meine Schulter. Plötzlich fühlte ich mich elend. Ich stellte mir vor, wie er Himmel und Erde in Bewegung setzte, um herauszukriegen, wohin ich verschwunden sei, und schon wollte ich am liebsten zurückkommen.

Der Arzt trat ein. Meine Mutter, die mit drei Kissen unter den Füßen längelang auf der Couch lag, wimmerte: »Ach, Herr Doktor, wie gut, dass Sie da sind!«

Sie streckte ihm den Arm hin, damit er ihren Blutdruck messen konnte. Man ließ sie machen, denn sie war sehr blass, und eine Leiche hatten wir schon. Verdutzt klopfte er an sein Messgerät, löste die Abbindung.

»Sie haben beinahe den Blutdruck eines jungen Mädchens«, sagte er beruhigend.

»Warum *beinahe*?«, fragte meine Mutter, indem sie ihn mit aller Kraft am Ärmel zerrte. »Sie können mir die Wahrheit sagen: Ich habe eine lange Krankengeschichte.«

»Mama, er ist wegen Henriette hier.«

Sie kniff die Lippen zusammen und ließ den Arzt den Tod feststellen. Man half ihm, den leblosen Körper auf die Couch zu betten. Meine Mutter war gebeten worden, ihren Platz zu räumen. Wir müssten ein Beerdigungsinstitut anrufen, sagte der Doktor, wir könnten Henriette aber bis morgen dabehalten, weil es Sonntag war. Ich erklärte ihm, dass dies nicht ihre Wohnung sei. Er sagte, das mache nichts, wir dürften sie nur nicht woanders hinbringen. Bevor er aufbrach, tätschelte er meiner Mutter die Hand und meinte: »Trinken Sie einen kleinen Whisky, das bringt Sie auf die Beine. Sie haben einen Schock erlitten, das ist doch verständlich.«

Meine Mutter plinkerte und sah ihm tief in die Augen, indem sie ihr Mona-Lisa-Lächeln aufsetzte, das sie der medizinischen Zunft vorbehielt.

»Ich begleite Sie hinaus, Doktor. Haben Sie eine Handy-Nummer?«

Henriette wurde auf unser Ehebett transportiert. Gisèle fand, dass sich das für eine Totenwache gehöre. Roger trat unser Schlafzimmer ohne jeden Einwand ab. Er raunte mir nur ins Ohr, dass er unter diesen Umständen bei seinen Eltern übernachten werde. Ich nickte, als ob ich das verstünde, als ob es mir nichts ausmachte, als ob ich es normal fände, dass er mich in solch einer Situation allein ließ.

Nach ihrem Fortgehen verzog ich mich in die Küche und machte mich an den Abwasch. Ob ich noch gehen würde, wusste ich nicht mehr, auf alle Fälle aber würde ich alles sauber hinterlassen. Bei jedem Teller tauchte Henriettes Gesicht vor mir auf, unsere Picknicks früher, wenn sie uns, Gisèle und mich, einen Sonntag im Monat aus dem Internat abholte mit ihrem kleinen weißen Fiat, ihrem Joghurtpöttchen, wie sie ihn nannte. Und wir, die Haare windzerzaust oder vom Regen angeklatscht unterm undichten Cape, einfach selig waren. Sie brachte uns mit ihren beruflichen Erlebnissen zum Lachen. Als Vertreterin für Spitzenunterwäsche in den Pariser Vororten hatte sie immer tausend, für unser Alter nicht ganz geeignete Anekdoten auf Lager, und dann hatten wir nichts Eiligeres zu tun, als die im Schlafsaal zum Besten zu geben. Rast hielten wir im Schutz einer Scheune oder auf einer karierten Decke im Ufergras. Sie verwöhnte uns mit Würstchen und Eclairs mit Mokkacreme, wozu wir prickelnden Schaum-Rosé tranken, und das war unser Geheimnis. An den anderen Sonntagen, wenn sie mit ihrem Mann kam oder mit meiner Mutter, gab es in einem richtigen Restaurant Fisch mit viel Gräten, Mineralwasser, weiße Servietten und Halt-dich-gerade. Meine Tränen hörten nicht auf, in das Abwaschwasser mit dem Citrusspülmittel zu tropfen. Während ich so allein in meiner Küche stand, wurde mir erst richtig bewusst, dass ich Henriette für immer verloren hatte und nichts mehr für sie tun konnte. Sie war nicht die Tote, die da starr und kalt, von ihrer Tochter bewacht, auf meinem Ehebett lag. Sie war meine Sonntagsfee mit ihrem Joghurtpöttchen, ihren nicht ganz jugendfreien Geschichten und ihrem Prickelwein.

Als ich ins Wohnzimmer kam, saß meine Mutter schluchzend auf einem Stuhl. Ich legte ihr meine Hand auf die Schulter. Sie drückte meine Finger. Es tat gut, seinen Kummer miteinander zu teilen.

»Wenn ich bedenke, dass ich jetzt dort liegen könnte, auf deinem Bett …«

Ich zog meine Hand zurück.

»Erst einmal ist sie es, Mama. Sie war deine Freundin. Du könntest dich von ihr verabschieden, findest du nicht?«

Schon fuhr sie in die Höhe.

»Willst du mir etwa vorwerfen, dass ich am Leben bin?«

»Ich werfe dir gar nichts vor. Ich sähe es nur gerne, wenn du ein bisschen trauriger wärst, nichts weiter.«

»Und das sagst du mir? Mir, die bei der kleinsten Aufregung *Herzrasen* kriegt? Ich muss doch nun wirklich sehr auf mich achtgeben …«

Hierauf antwortete ich nicht, ich bot ihr nur an, sie nach Hause zu bringen, damit sie ein bisschen schlafen könne.

»Wenn ich mal auf der anderen Seite bin, habe ich genug Zeit zum Schlafen.«

»Aber du bist nicht auf der anderen Seite!«, schrie ich mit einem Mal, sie an den Schultern rüttelnd. »Du gehst mir auf die Nerven mit deinem Herzrasen, du hast nichts, du hast gar kein Herz, du hast nur Mitleid mit dir selbst! Deine Freundin war für dich dazu da, mit dir Karten zu spielen! Und ich, wozu bin ich für dich da?«

Das Telefon hinderte mich weiterzureden. Mein Schwager war am Apparat; er hatte bei den Eltern in Malakoff angerufen und verstand nicht, weshalb Roger gleich wieder aufgelegt hatte. Ich machte es ebenso, zog den Stecker raus und ging den Kaffee aufwärmen.

Als ich wiederkam, lag meine Mutter, die bloßen Füße auf drei Kissen, wieder auf der Couch. Mir war sofort klar, dass sie sich für die Nacht eingerichtet hatte. So als hätte ich nichts gesagt. Als sei sie die Güte selbst, die Worte nicht ernst nahm, die mir am nächsten Tag leidtun würden.

Ich brachte Kaffee zu Gisèle, die auf einem Stuhl, den sie vor unser Bett gerückt hatte, zusammengesunken war. Ich setzte mich neben sie und streichelte ihr Haar, wie bei einem Kind, und sie drückte ganz fest meine Hand. Sie, die sonst Geschrei um jede Lappalie machte, wirkte so in sich gekehrt, dass es mich fast erschreckte. So saßen wir regungslos und schauten auf ihre Mutter, die da mit ihrer Dauerwelle mitten auf unserem Kopfpolster lag. Drei Einsame vereint in Schweigen.

»Ob es leichter ist, wenn man an Gott glaubt?«

»Weiß ich nicht«, sagte ich.

Nach einer Weile bat mich Gisèle um eine Wolldecke.

»Ist dir kalt?«

»Nein, für sie. Sie hat immer so leicht gefroren.«

Die Wolldecke lag unter dem Bettüberwurf, unter ihrer Mutter. Ich holte meine Daunenjacke und breitete sie, so gut ich konnte, über Henriette, die mit auf dem Bauch übereinandergelegten Händen dalag, wie nach vielem Essen. Als wir sie hier herüber trugen, hatte ich ihr die Hände wie zum Gebet gefaltet, aber Gisèle hatte es geändert. Ich setzte mich wieder. Sie nickte dankend, die Augen starr auf der Toten, über der meine rosa Jacke lag wie ein Hoffnungsschimmer.

Auf einmal wandte sie sich mir zu und sagte mit beunruhigter Miene: »Als ob du es wärst.«

Ich blickte auf Henriette und dachte an mein Leben. Vielleicht war noch nicht alles zu spät.

»Wo gehst du hin?«

»Ich komme wieder.«

Ich nahm die Linie A bis Vésinet-Centre. Jetzt oder nie. Dieses »als ob du es wärst«, das Gisèle vorhin herausgerutscht war, konnte kein Zufall sein. Das sagte ich mir immer wieder, um nicht wankend zu werden, während der Nachtzug mich hin und her schleuderte zwischen Jugendlichen mit Kopfhörern und Vorstädtern mit leerem Blick.

Ich eilte durch die schlafenden Straßen, an den Gartenzäunen entlang. Es hatte aufgehört zu regnen. Eine von drei Villen war noch erleuchtet, die Fernseher flackerten, verbreiteten Feuerstöße, Gebrüll oder Gelächter, immer schneller switchte ich die Kanäle. Jetzt oder nie. Ich starb vor Lampenfieber und musste die Zähne zusammenbeißen, so zitterte ich, während ich, um mir Mut zu machen, immerzu wiederholte: Ich weiß nicht mehr, wer ich bin. Nicht Rogers Ehefrau und nicht die Chinesin, von der er träumt. Ich will alle beide nicht mehr sein. Ich will die werden, die ich von Anfang an hätte sein sollen: die Tochter meines Vaters.

In dem Haus hinter dem grünen Gartentor war nur noch ein Fenster hell. Im ersten Stock, rechts, vielleicht sein Büro. Konnte ja sein, er arbeitete noch spät, hatte Akten mit nach Hause genommen, er hatte ein kleines Unternehmen. Ich drückte den Klingelknopf. Das Läutwerk klang wie Himmelsglöckchen, wie vor den Kaufhäusern zu Weihnachten … Ringsum schlugen ein Dutzend Hunde an. Ich bin es, Papa.

Nach einer Minute öffnete sich die Haustür, und ich sah durch das Gittertor eine Dame mit Hochfrisur. Seine Frau. Die Mutter, die ich hätte haben können, wenn sie mit ihm nach Néris-les-Bains zur Kur gefahren wäre, anstatt ihn dort allein zu lassen, damit er einer Fremden begegnete. Ich bin ihm ähnlich. Das hatte ich seit meiner Geburt gehört. *Als ob du es wärst.* Der verliebte Satz, den meine Mutter dem Glasrahmen auf dem Buffet so oft vorgesagt hatte. Und dann die Variante für mich, wenn ich sie bei ihrer stummen Zwiesprache überraschte: »Auf den ersten Blick würde er dich erkennen.«

»Ist da jemand?«

Ich versteckte mich hinter den Glyzinien. Die Dame wiederholte in scharfem Ton ihre Frage, ohne sich von der Stelle zu rühren. Was sollte ich sagen? »Guten Abend, entschuldigen Sie bitte die Störung, ist Ihr Mann zu sprechen? Ich bin Ihre Stieftochter.« Und ich hatte so fest gehofft, dass er öffnen würde. Weil mein verwegener Schritt ein Hilferuf war, weil die Zeit gekommen war für die Szene, von der ich seit je geträumt hatte. Aber eine Szene zu dritt konnte es nicht sein.

»Treiben Sie Ihre Scherze woanders und lassen Sie die Leute in Frieden!«

Sie schloss die Tür. Ich starrte nach dem Fenster im ersten Stock hinauf, betend, dass er sich wenigstens zeige, sehen wolle, was los sei. Jahrelang, im Internat, hatte ich ihm Briefe geschrieben, die ich in einem großen Kuvert mit der Aufschrift »Erst nach meinem Tod zu öffnen« verwahrte. Ich habe sie später nie mehr gelesen. Sie sollen für meine Kinder bleiben, hatte ich mir gesagt, als ich älter wurde.

Ich weiß sehr wohl, dass man nicht rückwärts gehen soll. Aber für mich ist es der einzige Weg, vorwärtszukommen.

Ich kehrte zum Vorortzug zurück, mit einem nach wie vor heilen Vaterbild im Herzen, einer gescheiterten Möglichkeit, einer nicht angebrochenen Zukunft, die schließlich meine einzige Hoffnung war. Wenigstens in der Hinsicht hatte ich nichts vermasselt. Alles blieb offen.

Für ein nächstes Mal.

Kaum hatten wir den Verkaufsraum betreten, bot uns ein Angestellter mit einem so entspannten Lächeln, als ob er Polstermöbel verkaufte, einen Platz an vor einem blankpolierten Schreibtisch.

»Es geht um ihre Mutter«, informierte ich ihn diskret.

»Ich verstehe. Mein aufrichtiges Beileid.«

Er legte uns seinen Katalog hin. Das berührte mich seltsam, ich kam mir vor wie vor drei Jahren, als Gisèle und ich, um unsere Hochzeitslisten zusammenzustellen, an den gleichen Typ Mann geraten waren. Roger fehlte mir schrecklich. Nicht der Roger, der er geworden war: Die Nacht, die ich ohne ihn zugebracht hatte, hatte die letzten Wochen vergessen gemacht. Ich konnte nicht glauben, dass er dieser Fremde bleiben würde, der sich in eine Ausländerin verliebt hatte. Wir hatten beide eine zweite Chance verdient.

»Schön. Schließen wir doch am besten aus, was nicht in Frage kommt. Schauen wir uns zunächst im oberen Segment um. Massiveiche bleibt natürlich …«

Ich unterbrach ihn, raunte ihm zu, dass die Person verbrannt werden wollte.

»Ich verstehe. Keine Eiche also.«

»Warum nicht?«, protestierte Gisèle. »Wenn es das Beste ist … Um den Preis wird nicht gefeilscht. Mama ist immer großzügig gewesen.«

»Das ist keine Frage des Preises«, sagte der Verkäufer mit einem etwas verschämten Lächeln. »Darauf kommen wir noch.«

Er stand auf, und wir folgten ihm mit den Augen, bis er vor einer Urne stehen blieb, die einen Meter hoch war und aussah wie eine ägyptische Amphore.

»Dieses Modell erfreut sich großer Beliebtheit. Es ist ein bisschen ausgefallen, aber es kommt ganz darauf an, was Sie damit vorhaben. Der dekorative Gesichtspunkt ist heutzutage nicht mehr tabu, im Gegenteil: Die Tendenz geht Richtung Integration in den Wohnraum. Schluss mit dem kleinen Behälter, den man im Nachttisch verbirgt oder in einem Schuhkarton aufbewahrt.«

»Da drin wäre sie verloren«, flüsterte Gisèle mir zu.

»Haben Sie nicht etwas Intimeres«, fragte ich. »Etwas … nicht ganz so Großes?«

Er wandte sich einem anderen Modell zu, einer Art Keksdose.

»O nein!«, schrie Gisèle sofort. »Da hinein niemals.«

Da nahm er ein hübsches Gefäß aus Sèvres-Porzellan in die Hände.

»Ja, das!«, rief Gisèle. »Smaragdgrün ist ihre Lieblingsfarbe.«

»Wie viel?«, fragte ich leise.

Gisèles Handy klingelte.

»Ich bin gleich wieder da«, sagte sie im Hinausgehen.

»Einhundertfünfzig Euro. Ohne Steuern.«

»Das übernehme ich«, murmelte ich rasch, während ich Gisèle nachsah.

»Ein schönes Geschenk, Sie werden es nicht bereuen. Und was den Sarg betrifft?«

»Der ist unnötig, sie wird verbrannt.«

»Trotzdem, ein Sarg muss sein. Man kann sie ja nicht mit bloßen Händen den Flammen übergeben«, setzte er angesichts meiner verständnislosen Miene mit einem mitleidigen kleinen Lächeln hinzu.

»Entschuldigung.«

»Das macht doch nichts. Es ist das erste Mal, nehme ich an?«

»Ja. Also ... was die Verbrennung angeht, ja.«

Er erklärte mir, mit Eiche gebe es das Problem, dass die sehr langsam brennt und es nach der Trauerfeier noch Stunden dauern würde, was die meisten Leute nicht wollten. Andere wiederum wären gerade für eine möglichst lange Dauer: Sein Interesse gehe natürlich dahin, uns Eiche nahezulegen, aber in so einem Fall, nicht wahr, habe der Profit hinter der Menschlichkeit zurückzustehen. Zumal der Preisunterschied nicht so erheblich sei – wovon ich mich in seinem Katalog überzeugen konnte, als ich den Preis für Fichte sah, deren schnelle Verbrennung man sehr teuer bezahlen musste.

»Aber was die Urne angeht, haben wir da wirklich gut gewählt? Ist sie nicht etwas zu groß?«

Er sah mich halb duldsam, halb dankbar an, weil ich so sehr Anteil nahm. In Wahrheit kam ich mir unbeteiligt, nutzlos und kalt vor, wie jedes Mal, wenn meine Mutter mich auf einen Friedhof geschleppt hatte. »Sag deiner Großmutter Lebewohl, wirf ihr eine Handvoll Erde nach, es wird ihr Glück bringen«, »Deine Patentante war eine reizende Frau, und sie hat dich so lieb gehabt«, »Siehst du, der Großvater hat die Großmutter nicht überlebt«, »Bete für deine Tante Jeanne« … Immer diese großen Holzkästen, die feierlich in die Erde hinabgelassen wurden. Undeutlich erinnerte ich mich an die Gesichter der Männer, die die Seile hielten, Fremde, die kein bisschen weinten.

Ich war jedes Mal untadelig frisiert, neu eingekleidet, stundenlang hatte meine Mutter mich hergerichtet, damit ich ihr Ehre machte. »Wie brav Ihre Tochter ist, wie hübsch und wohlerzogen …« Bei jedem Todesfall entschädigte sie sich für ihr Leben. Und ich war für sie so was wie die reichen jungen Erbinnen, die sie mir in ihren Zeitschriften zeigte, wie sie mit linkischer Miene zum Debütantinnenball antraten. »Sie werden in die Gesellschaft eingeführt«, erklärte sie. Meine Einführung in die Gesellschaft fand zwei-, dreimal pro Jahr auf dem Friedhof statt. Eine zahlreiche Familie, die nur aus Alten besteht, ist etwas Bedrückendes. Nie hört es auf, dass man allein zurückbleibt. Die Zeit vergeht, und man wird nicht wirklich groß: Man klammert sich an die Letzten, selbst wenn mit ihnen nicht viel los ist, weil man sich von vornherein schuldig fühlt, sie zu überleben, und man nicht mal ein Kind geboren hat, um die Tradition fortzusetzen.

»Es ist eine vorzügliche Wahl.«

Ich kehrte in die Gegenwart zurück. Er sprach von der Urne. Immerhin war es das erste Mal, dass ich für einen Todesfall aufkam. Aus der kleinen Friedhofsstatistin war eine erwachsene Frau geworden, die einen Scheck ausfüllte.

»Es ist auf jeden Fall besser, großzügig zu denken«, beharrte er. »Es kommt ja nicht nur die

Asche der Verstorbenen hinein. Hinzu kommt die des Holzes, wissen Sie… Das wird nicht voneinander geschieden.«

Er sagte das mit untröstlicher Miene. Kopfnickend sah ich ihn an. Wenn er Polstermöbel verkauft hätte, hätte ich ihn ziemlich gutaussehend gefunden. Er bat um meine Adresse. Ich zögerte, mit einem Blick nach meiner Freundin hin, die draußen vorm Schaufenster telefonierte. Die Adresse benötige er, sagte er, um mir die Rechnung zuzustellen, die sich samt allen Steuern in etwa auf 2135 Euro belaufen werde. Angesichts meiner Sprachlosigkeit wiederholte er, dass ich es nicht bereuen werde, auch kümmere er sich um alle Formalitäten.

In dem Moment kam Gisèle zurück. Es war ihre Tante gewesen, die aus dem Elsass angerufen hatte. Sie könne zur Trauerfeier nicht kommen – ihre Schwester und sie hatten ohnedies seit vier Jahren nicht mehr miteinander gesprochen –, sie werde aber bei der Einäscherung ganz fest an uns denken und erwarte uns in Straßburg, um Henriette in der Familiengruft beizusetzen.

Gisèle fragte den Verkäufer, ob es möglich wäre, die Urne nach der Verbrennung in ein gut gepolstertes Paket zu verpacken, so dass sie nicht zerbrechen könne, denn sie wisse noch nicht, ob sie sie selbst befördern oder sie einem Transporteur übergeben wollte. Schließlich bleibe sie, im Gedenken an ihre Mutter, mit der Tante übers Kreuz.

Als ich zurückkam, war der Kiosk geschlossen. Ich traute meinen Augen nicht. Roger war bei seinen Eltern geblieben, mochte ich zusehen, wie ich allein zurechtkam. Dachte er etwa, ich könnte mich um alles gleichzeitig kümmern, um die Abholung der Leiche, die Bestattung und den Kiosk?

Ich sauste nach Hause. Da stand er in der Küche und guckte ins Bullauge der Waschmaschine.

»Was, du machst Wäsche?«, sagte ich.

Ich traute meinen Augen nicht. Es war das erste Mal, seit wir uns kannten. Er sagte, er habe keinen Bedarf, in einem Bett zu schlafen, das nach Totenbahre roch. Ich war wie versteinert, außerstande ihm die Frage zu stellen, die mir auf den Lippen brannte: Ob er Weichspüler benutzt hatte?

»Also gut, dann gehe ich jetzt den Kiosk aufmachen. Wir haben heute Abend zu reden.« Er machte einen Bogen um mich, ging zur Küche hinaus.

»Roger?«

Er drehte sich um. Ich schluckte meinen Speichel hinunter, nahm meinen ganzen Mut zusammen.

»Was?«

»Hast du Weichspüler benutzt?«

»Sonst noch was?« Die Wohnungstür fiel ins Schloss, und ich stand noch immer starr, ohne zu wissen, ob er so aggressiv wegen Henriettes Betttüchern war oder ob er den Plastikbeutel entdeckt hatte.

Hinten im Wandschrank, hinter den Waschmittelflaschen, hatte ich die Frau seiner Träume versteckt.

Ich sauste zur Tür, erwischte ihn auf dem Treppenabsatz, als er eben den Fahrstuhl betreten wollte. »Was hast du mit mir zu reden, Roger?«

»Heute Abend.«

»Und warum nicht gleich? Die fünf Minuten wirst du doch noch bleiben können.«

Er zögerte, dann nickte er, ließ die Fahrstuhltür los. Er kam zurück in die Küche, goss sich ein Glas Wasser ein. Er trank es, den Ausguss fest im Blick, in drei Zügen, dann drehte er sich zu mir um. Er holte tief Luft, schwenkte die Arme, als müsse er einen Riesenstoß Zeitungen anheben, und setzte sich.

»Gut. Reden wir.«

Sehr langsam zog ich den Stuhl ihm gegenüber zurück. Das Rumpeln der Waschmaschine unterbrach unser Schweigen.

»Wie lange geht das schon, Nina?«

Mir jagte ein Schauer über den Rücken. Ich versuchte, in mein »Was?« mehr Staunen als Angst zu legen.

»Du weißt ganz genau, was ich meine. Seit wann geht das?«

»Was denn?«

»Mein Bruder und du.«

Mir blieb der Mund offen stehen.

»Es hat keinen Zweck zu leugnen, ich bin nicht blind. Ich sehe doch, wie du dich verändert hast. Das Herz in deinen Haaren, der größere Ausschnitt, den du dir mit der Schere in dein Nachthemd geschnitten hast, deine Versessenheit, mir's mit dem Mund zu machen, die Frage nach deinem Orgasmus ... Diese ganzen Dinger hat er dir beigebracht, stimmt's? Es bleibt ja in der Familie.«

Ich war so verblüfft, dass ich nur matt protestierte, wie um abzuwiegeln.

»Du brauchst gar nicht zu leugnen, sage ich dir! Als ich ihm beim Umzug half, habe ich in seinen Sachen dein blaues Kleid gefunden. Was hast du darauf zu antworten? Dass du es Gisèle geborgt hattest und er vergessen hat, es ihr zu geben, als er sie verlassen hat? Das hat er mir nämlich erzählt.«

Hilflos breitete ich die Hände aus: Er nahm mir die Worte aus dem Mund.

Sofort wurde er noch lauter, damit ich ihm nicht zu widersprechen wagte: »Unser Leben lang haben wir uns nie belogen, mein Bruder und ich! Und jetzt ausgerechnet wegen dir! Hör auf, mich so anzugucken! Mit genau solcher Unschuldsmiene hat er auch geguckt, ganz erschrocken, der Heuchler… wie ihr mich ankotzt. Seit wann geht das, he? Antworte!«

Ich zögerte einen Moment, so als würde ich im nächsten Augenblick ein Datum nennen.

»Ich weiß nicht, wieso du dir das in den Kopf gesetzt hast«, sagte ich dann, »ich schwöre dir jedenfalls, dass ich dich nicht mit deinem Bruder betrüge!«

Mein ehrlicher Ton verunsicherte ihn, höhnisch auflachend zuckte er die Achseln, mit traurigem Blick.

»Weil es schon wieder vorbei ist, was? Du treibst es so weit, dass er seine Frau sitzen lässt, und dann gibst du ihm den Laufpass, aus reiner Freude am Kaputtmachen. Wer bist du bloß, Nina? Wer bist du?«

Er sprach so eindringlich, dass ich zusammenzuckte. Ich stand auf, wollte ihn in die Arme nehmen, er stieß mich, seinen Stuhl umwerfend, zurück und kehrte mir den Rücken. Die Hände in den Taschen, stand er vorm Fenster und zählte sämtliche Einzelheiten meines Verhaltens auf, durch die er den »Braten«, wie er es nannte, gerochen habe, und ich erkannte mich in keinem der Gedanken wieder, die er mir unterstellte, so als hätte er seit Wochen mit einer Fremden gelebt. Ich mochte mir noch so oft sagen, dass er doch nur seine Verliebtheit in die Chinesin und sein Verlangen, mich zu verlassen, zu rechtfertigen versuchte, trotzdem war ich von dem Leiden erschüttert, das aus seinem Schweigen, seinen Beobachtungen, seinen Folgerungen sprach … Und dabei hatte ich geglaubt, er hätte mich nicht mehr beachtet … Jedes Wort, jeden Blick, jede Geste hatte er registriert, und für alles hatte er eine Auslegung.

Ich wartete, bis er sich ausgesprochen hatte, dann führte ich ihn zum Telefon, ich drückte ihm den schnurlosen Apparat in die Hand und rief vom Festnetz seinen Bruder an. Fünf Minuten lang hörte Roger uns dasselbe schwören, unsere Unschuld beteuern und dass wir einer dem anderen völlig gleichgültig seien.

»Also, dann bin ich der Blödmann, ja?«, schloss er.

Und er legte auf. Er ließ sich vollkommen erledigt auf die Couch fallen. Er glaubte uns, und das nahm ihm eine Last von der Seele, hinterließ aber zugleich eine große Leere in ihm.

»Warum bist du so anders zu mir geworden, wenn gar nichts zwischen euch war?«

Ich setzte mich vor ihn auf den Fußboden, umschlang seine Knie. Behutsam sagte ich ihm, dass auch er nicht mehr derselbe sei, aber dass doch jeder das Recht habe, sich zu ändern, sich weiterzuentwickeln, ohne dass man sich deshalb verlieren müsse...

»Das ist alles nur, weil wir kein Kind hatten, nur deshalb.«

Ich schluckte schwer. Ohne zu überlegen, hatte er in der Vergangenheit gesprochen, und das mit einer Selbstverständlichkeit, die mich bitter ankam. Beinahe hätte ich ihm mein kleines Geheimnis verraten, den Grund, warum ich vielleicht niemals mehr schwanger werden konnte, da plötzlich erhob er sich mit düsterer Miene.

»Wahrscheinlich passen wir einfach nicht zusammen.«

Ich hielt ihn zurück. Wenn er einverstanden wäre, sagte ich, könnten wir uns gleich morgen in der Klinik anmelden, um uns, wenn nötig, behandeln zu lassen. Dann hätten wir endlich ein gemeinsames Ziel. Und ich war dabei vollkommen aufrichtig. Ich wusste, wenn er sich genauso sehr wie ich ein Kind wünschte, dann würde es auch kommen und uns retten.

Er sah mich traurig an.

»Ich spreche von Liebe, und du kommst mir mit Klinik«, sagte er resigniert.

Dann guckte er auf die Uhr. Nach ein paar Schritten in Richtung Tür wandte er sich noch einmal um.

»Entschuldige das mit meinem Bruder. Aber im Grunde, weißt du, wäre es einfacher gewesen. Lügereien, so was vertrage ich nicht. Aber was ich noch weniger vertrage, ist, wenn ich nicht verstehe ... Zwischen Eheleuten, da muss alles klar sein ... sonst hat das keinen Sinn ... In der Hinsicht sind wir kein Paar mehr ... Und ich kann nicht ...«

Er ging, und ich hielt ihn nicht auf. Was hätte ich sonst tun sollen? Ihm recht geben? Ihm Monsieur Jean und den Politiker beichten? Vielleicht würde er mir dafür die Chinesin beichten. Würde die Sache vielleicht zu einer regelrechten Liaison aufbauschen, damit wir quitt wären, und danach wäre zwischen uns wieder alles möglich. Wir würden den Weg mit diesem zusätzlichen Gepäck weitergehen, aber es wäre derselbe Weg für uns beide.

War es das, was ich wollte?

Meine Mutter öffnete beim ersten Klingeln. Sie hatte mich dringend gebeten zu kommen. Ich dachte, es sei wegen dem, was ich ihr am Sonntag an den Kopf geworfen hatte. Ich war auf Schimpfen, Beschuldigungen, Gefühlserpressung gefasst. Stattdessen fragte sie, ob es mir besser gehe. Ob ich nicht mehr so müde sei. Sie habe begriffen, dass ich durchgedreht sei; dass meine Worte über mein Denken hinausgeschossen waren, es sei nicht meine Schuld, und sie nehme es mir nicht übel; das sei vergessen. Ich schlug die Augen nieder. Was mir auf dem Herzen lag, würde sie doch nie verstehen. Dazu war es zu spät.

Sie lächelte erwartungsvoll. »Du hast mir wohl was mitgebracht, damit ich nicht mehr böse bin?«

»Nein.« Ich hatte den Plastikbeutel mit der anderen Frau in der Hand. Ich wollte sie aus dem Haus haben, damit Roger sie nicht etwa entdeckte, in dem Zustand, in dem er jetzt war.

»Setz dich.«

Mit erregter Miene sprach sie davon, dass sie seit dem Morgen so ein ungutes Gefühl habe.

»Ich mache mir Gedanken«, sagte sie. »Was mit Henriette passiert ist, war mir eine Warnung. Man macht sich nie Sorgen um die Menschen, die man liebt, solange es Zeit ist. Bitte, ruf bei deinem Vater an.«

Auf die Tour kam sie mir alle halbe Jahre, um »beruhigt« zu sein. Jedes Mal musste ich mich mit jeweils anders verstellter Stimme als Fleurop, die Post oder als die Küchenausstatter Vogica ausgeben. Sie hatte ihm niemals lästig fallen wollen, hatte ihn nie über sich oder mich aufgeklärt; da würde sie ihm in seinem Alter nun auch nicht mehr mitteilen, dass er eine Tochter habe. Alles, was sie mir jemals über ihn verraten hatte, war, dass er ein sehr feiner Mann sei, der sich nichts vorzuwerfen habe, und dass seine Frau eine sehr feine Frau sei, und dass eine Dummheit von Erwachsenen während eines Kuraufenthalts nicht zwei Menschen unglücklich machen dürfe – von uns beiden war dabei nie die Rede. Nein, sie wollte einfach nur wissen, ob es ihm gut gehe. Natürlich hatte niemals er abgenommen, trotzdem war sie jedes Mal ganz flattrig und starrte, die Finger in meine Schulter gekrallt, auf den Lautsprecher des Telefons, während ich die Gattin, die Sekretärin oder den Sohn fragte, ob Monsieur Longereau zu sprechen sei.

Diesmal habe ich den Lautsprecher nach dem

zweiten Satz abgestellt. Meine Mutter war blass, ein bisschen aus der Fassung, aber im Grunde auch irgendwie befriedigt: Ihre Ahnung hatte sie nicht getrogen. Sie brauchte sich nun keine Sorgen mehr zu machen und auch keinen Illusionen mehr nachzuhängen.

»Wann?«, murmelte sie, als ich aufhängte.

»Vor fünf Monaten.«

Sie schluckte, nickte mehrmals. »Aha«, sagte sie und mit einer seltsam hohen, schwebenden, fast mondänen Stimme: »Na ja, trotzdem …«

Und schluchzend fiel sie mir um den Hals und fragte, warum das Leben immer so ungerecht gegen sie sei.

Am Sonntag darauf habe ich ihn besucht. Morgens. Allee 18, drittes Planquadrat, Friedhof von Asnières, neben dem Hundefriedhof. »Familie Longereau-Beauvoisin.« Wer die Beauvoisins waren, keine Ahnung. Jedenfalls teilten sie sich halbe halbe die Grabstätte aus grauem Marmor. Das Gesicht, das ich manchmal aus meinem Versteck nur undeutlich hatte sehen können, konnte ich endlich nun auf dem Foto, das in den Stein eingelassen war, von nahem betrachten. Und immerzu kehrte mir das Bild der Gestalt wieder, die ein grünes Tor schloss, bevor sie im Haus verschwand. Jetzt endlich durfte ich zu ihm sprechen. Ich köpfte eine Flasche Champagner, holte zwei Gläser aus meiner Tasche und prostete ihm zu. Mein ganzes Leben habe ich ihm erzählt. Meins und das der Perücke im Plastikbeutel. Er traute seinen Ohren nicht. Hatte keine Gelegenheit, auch nur ein Wort einzuwerfen. Mir hat es gutgetan, das ist alles, was ich weiß. Als ich ging, ließ ich ihm die Flasche und die Gläser da. Schließlich hat er Familie.

Während ich die Allee zurückging, las ich die

Namen und Daten auf den Steinen, die ein Leben umfassten. Ich fragte mich, an welchem Punkt ich in meinem stand. Immer hatte ich geglaubt, ich hätte noch so viel Zeit vor mir, und habe nie an den Tod gedacht, aber in dieser Woche war er mir nahe gerückt. Ich schaute mir das mit frischen Rosen geschmückte Porträt einer blonden Frau an, die ungefähr in meinem Alter gewesen war, und stellte mir vor, wie mein Mann mir einen Blumenstrauß aufs Grab legte – er, der mich noch nie mit Blumen überrascht hatte. Ich lief zu einer Telefonzelle. Eine atemlose Stimme antwortete: »Ja? …«

»Verzeihung, störe ich?«

»Wer ist am Apparat?«

»Meinen Namen kennen Sie nicht. Beim ersten Mal nie …«

Ich hörte ihn keuchen. Ich glaubte, er sei beim Sex: Aber nein, durchaus nicht; er sei bei seinem sonntäglichen Jogging im Bois de Boulogne. Das könne er aber abkürzen, um mich zu treffen, allerdings nur für eine Stunde; er müsse anschließend direkt in die politische Live-Sendung von France-Inter. Das sei nicht genug, sagte ich, wir verschöben es besser.

»Ein und eine Viertelstunde«, handelte er.

»Hundertachtzig Minuten oder gar nicht«, antwortete ich unbeirrt.

Er lachte, meine gebieterische Stimme errege ihn, sagte er. Dann würden wir uns also am Donnerstag treffen, um fünfzehn Uhr, für ein Date von hundertachtzig Minuten. Er nannte mir die Adresse. »Okay«, sagte ich streng, und ich war es, die aufhängte.

Ich weiß nicht, was mich geritten hat. Es war ein starkes Stück, sich das zu sagen, aber ich glaube, ich tat es für Roger. Damit ihm noch einmal bewusst wurde, dass ich anders geworden war, dass ich ihm Dinge verheimlichte, damit er sich anstrengte, mich zu verstehen ... Wozu von einer Unbekannten in einem Kino träumen: Zu Hause, in seinem Bett, hatte er eine viel geheimnisvollere Frau ... Jetzt merkte ich erst, wie sehr es mich getroffen hatte, dass er mir eine Geschichte mit seinem Bruder zugetraut hatte. Dass er mich für fähig gehalten hatte, ihn innerhalb seiner eigenen Familie zu betrügen und zu verraten ... Dass er mich für ein Ungeheuer gehalten hatte, eine falsche Schlange, eine Sadistin.

Als ich nach Hause kam, war er schon in Unruhe. Seine Eltern erwarteten uns zum Mittagessen, und er hatte Angst, mir sei etwas passiert. Ihm lag also doch noch etwas an mir. Auf einmal schämte ich mich für das Gelüst, das mich auf dem Friedhof gepackt hatte.

»Ich will ja nicht wieder mit meinen dämlichen Verdächtigungen anfangen, Nina, aber eine Messe dauert keine vier Stunden!«

»Ich war bei meinem Vater.«

Ihm fielen die Autoschlüssel aus der Hand.

»Bei deinem Vater? Seit wann kennst du denn den?«

»Er ist tot. Wir haben Bekanntschaft geschlossen.«

»Was du nicht sagst!«

Er hob seine Schlüssel auf und kehrte mir den Rücken, um sich vorm Spiegel zu kämmen. Wieder dachte ich an seine Blumen auf meinem Grab. Ich schmiegte mein Gesicht an seinen Rücken.

»Meinst du nicht, dass wir absagen sollten? Wir könnten in Ruhe hierbleiben und uns den ganzen Nachmittag lieben …«

Er fuhr herum, fasste mich bei den Handgelenken. »Nina, ich weiß nicht mehr, wie ich dran bin mit dir. Aber dein Egoismus geht mir zu weit. Zu dem Mittagessen heute kommt auch mein Bruder; es ist lebenswichtig für mich, dass wir uns versöhnen, dass er mir verzeiht, und du … du denkst nur ans Vögeln.«

Mich packte jähe Wut. Was ich denn bitte mit seiner Familie gemein hätte, stieß ich hervor, mit seinen Eltern, die sich ihr Leben lang betrogen und niedergemacht und nur gegen das Alter zusammengefunden hatten, und mit seinem Bruder, der nun wirklich keine Gelegenheit auslasse, mich unterm Tisch mit dem Fuß anzubaggern.

Er lief rot an, stand reglos da mit offenem Mund. Und sofort bereute ich meine Lüge.

»Ich wusste es doch!«, brüllte er. In seinem Schrei lag ein solcher Triumph und eine solche Erleichterung, dass ich mir sagte, es war nicht verkehrt.

Er fuhr allein zu seinen Eltern, ich verbrachte den Nachmittag damit, in Zeitschriften zu schmökern, und als er wiederkam, sprach er kein Wort. Er holte ein Puzzle hervor und begann die Chinesische Mauer zu bauen.

Um Viertel nach sechs hatte er etwa zehn Steine und eine Wolke zusammen. Das sehe sehr schön aus, sagte ich. Er antwortete, sein Bruder sei ein Halunke, genauso verkommen wie seine Eltern, er wolle sie nicht wiedersehen, und wir zwei würden ab jetzt getrennt schlafen. Ich gab ihm einen Kuss auf die Stirn. Dann machte ich für ihn ein Bett auf der Couch und sagte, wenn er in der Nacht Lust kriegen sollte, mich zu besuchen, würde ihn das zu nichts verpflichten.

»Denk einfach, ich wär eine Fremde, die du irgendwo aufgegabelt hast, auf der Straße, im Café, im Kino … Und du kommst mit mir schlafen im Gedanken an sie …«

Er starrte mir einen Moment ins Gesicht, als stehe er vor einem Abgrund. Dann zuckte er die Achseln. »Tut mir leid, dich zu enttäuschen, aber es gibt im Leben mehr als den Unterleib.«

Und er machte weiter mit seiner Mauer.

Dies war jetzt der dritte Donnerstag, an dem sie nicht gekommen war. Hinter einer Platane, an der Ecke vor der Chemischen Reinigung, versteckt, sah ich, wie mein Mann den Bürgersteig auf und ab tigerte, die Straße überquerte, als hätte er auf der anderen Seite etwas zu tun, zurückkam und wieder den Eingang zum Kino belauerte. Eine Viertelstunde nach Beginn der Vorstellung ging er den Kassierer fragen, ich konnte sehen, wie der ihm mit einem Nicken antwortete, schließlich wurde er so noch eine Karte los. Mein Roger kaufte also die Karte und ging hinein. Wäre er nicht hineingegangen, hätte ich das Rendezvous mit meinem Politiker sausen lassen, aber was meinen Mann anlangte, brauchte mir wirklich nicht bange zu sein: In seine Augen war gleich wieder ein so hoffnungsvolles Leuchten getreten, und trotz meiner Anspielung neulich abends hegte er keinen Verdacht und glaubte nach wie vor an sie.

Ich war früher da, er auch. Wie letztes Mal regnete es. Er kam in Blau und ich als die *Andere* – nur ohne Perücke. Als ich selbst zu kommen, hatte ich nicht fertiggebracht. Wegen meines Mannes. Wenn schon, dann sollte ihn die Frau seiner Träume betrügen. Ich selbst nur zur Hälfte. Was wieder mal typisch für mich war.

In dem rotgoldenen Zimmer drückte er mich an sich, dass mein schwarzer Lackmantel quietschte. Er wollte mich küssen, ich drehte den Kopf weg. Befremdet sah er mich an.

»Mein Lippenstift würde Ihre Krawatte verderben«, sagte ich, im Gedanken an die meines Mannes, in eisigem Ton.

Er warf Mantel, Jackett, Schlips und Oberhemd zu Boden. Ich löschte das Licht. Er presste sich an mich und grub seinen Mund in meine Lippen. Ich schloss die Augen wie im Kino, und schon wurde ich die *Andere*. Vollständig bekleidet glitt ich an dem kalten Wollstoff seiner prall gespannten Hose vor ihm nieder. Ich öffnete meine Lippen einen Spalt und wartete. In dem Halbdunkel zog er seinen Reißverschluss auf. Da blickte ich ihm voll ins Gesicht und sagte mir, dass das mein Mann ist und dass ihm das von mir gefallen wird. Und nahm ihn.

Seine Finger liebkosten meine Haare, aber ich riss sie ihm weg. Ich wollte, dass er passiv blieb, vollkommen passiv. Ich machte, bis er nicht mehr konnte, und genau, als er ja sagte, hörte ich auf. Ich erhob mich, stieß ihn auf den Rücken, rittlings setzte ich mich auf ihn, schlang ihm den knautschigen Gürtel meines Lackmantels um den Hals, zog ihn mit einem Ruck fester und sah zu, wie er kam. Dann haben wir ein Gläschen getrunken. Uns blieben noch hundertsechzig Minuten.

Ich bereute nicht, was ich getan hatte. Reglos auf den Badezimmerfliesen, am ganzen Leibe triefend und nackt unter meinem Plastikmantel, der wie eine Krokodilshaut an mir klebte, betrachtete ich mich voller Befriedigung. Im Zimmer erklärte mein Politiker per Telefon, er könne nicht zur Sitzung kommen, er liege mit einem Hexenschuss im Bett. Genauso hatte ich es gewollt, alles hatte sie ihm antun sollen. Alles, was ein Mann lieben, fürchten, hassen kann. Er, der Mann der Macht, war für einen Moment *ihr* Sklave geworden. Er erlag mir und konnte trotzdem nicht genug kriegen. »Ich habe noch nie eine Frau wie dich gekannt«, sagte er.

»Ich weiß«, sagte *sie*.

Er sei am Samstag frei, sagte er. Mit dem Gürtel um den Hals, seinem Terminkalender in Händen, sah er herzzerreißend aus. Aber er würde sie nicht wiedersehen. Das Einzige, worauf ich es abgesehen hatte, war, dass sie nach allem, was sie hier getan hatte, für meinen Mann erledigt war.

Nachdem ich mir die *Andere* abgeschminkt hatte, fühlte ich mich rein und unversehrt.

Es war Hochbetrieb, als ich Gisèle auf die Post begleitete. Sie hielt die gut verpackte Urne in den Armen wie ein Baby. Nach zehn Minuten fragte sie, ob ich einen Filzstift hätte. Als ich passen musste, reichte ihr ein Herr vor uns sehr höflich den seinen. So der Typ Notar, mit Dufflecoat, Doppelkinn und Herrenslipper mit Troddeln. In Großbuchstaben schrieb sie auf das Paket: ZERBRECHLICH.

»Schreiben Sie auf die andere Seite VORSICHT, sonst sehen die es nicht«, riet ihr der Herr und hielt ihr den Stift, den sie ihm zurückgegeben hatte, wieder hin. »Und bezeichnen Sie OBEN und UNTEN.«

»Danke«, sagte Gisèle.

Aber ich sah ganz genau, dass er das meinetwegen tat. Während er sich um Gisèle bemühte, linste er verstohlen nach mir, so wie man einen Hund streichelt, um sich an seine Besitzerin heranzupirschen. Nach allem, was ich gestern gemacht hatte, spürten die Männer die Hure in mir, da war ich mir todsicher. Die stierten mich alle an, dass ich mich in ihrem Blick selber mit gespreizten Beinen auf dem Fliesenboden sah, und sogar rittlings auf ihnen, wie ich sie mit dem Gürtel würgte.

»Wenn da Glas drin ist, unbedingt«, sagte er mit Kennermiene zu mir.

»Nein«, sagte ich sachlich, »es ist Porzellan.«

»Oje!«, wehklagte er im Voraus. »Wenn das nur nicht kaputtgeht.«

Gisèle wandte sich ihm zu, um ihm den Filzstift wiederzugeben.

»Nein, Monsieur«, sagte sie mit kratziger Stimme, aber ganz ruhig, »es geht nicht kaputt. Das ist smaragdgrün, die Farbe hat Mama immer Glück gebracht.«

»Ah! Es ist ein Geschenk für Ihre Mutter.«

»Nein, Monsieur, es *ist* meine Mutter. Und das hier ist ein Geschenk für meine Tante.«

»Entschuldigen Sie«, sagte der Herr und widmete sich wohlweislich wieder seinem Einschreibeformular.

»Verdient hat sie es nicht, glauben Sie mir. Aber mehr will ich dazu nicht sagen.«

»Gisèle, du bist dran.«

Um Haltung bemüht, mit steifen Schritten trat sie an den Schalter, so wie man zum Beichtstuhl geht. Ich fühlte den Blick des Notars auf meinem Hintern. Blitzschnell fuhr ich herum, ihn auf frischer Tat zu ertappen. Er war dabei, dem alten Herrn hinter ihm beim Ausfüllen eines Formulars zu helfen. Feuerrot im Gesicht, stellte ich mich zu Gisèle. Als das kleine Paket hinter dem Schalterfenster verschwand, fing sie an mit den Zähnen zu klappern.

»Normal oder Eilsendung?«, fragte ungerührt die Beamtin.

Gisèle starrte immerfort auf das Paket. Sie wusste, sie sah es jetzt zum letzten Mal. Auch wenn sie vierzig Gramm ihrer Mutter, etwas mehr als die Hälfte, in einer Bonbonniere auf dem Kaminsims für sich behalten hatte, fiel es ihr doch schwer, sich damit abzufinden, dass nun die andere Hälfte in einem Postauto davonfahren sollte. Ich gab mir alle Mühe, ihr Gewissensproblem nachzuempfinden, um die Bilder von Lust und Schmach aus meinem Kopf zu verscheuchen, und mich im Hier und Jetzt wie eine normale Frau zu benehmen. Endlich aufzuhören, mich für ein Weltwunder zu halten, zu vergessen, dass ich mitten in diesem Postamt am liebsten losgepöbelt hätte: »Ja, ich habe den Abgeordneten eures Wahlkreises halb erwürgt, und das war der Gipfel der Lust, damit ihr's nur wisst, ihr Idioten!« Zu viel Unterdrücktes, Gestautes, in Schweigen Begrabenes drängte in mir zur Explosion. Ich wollte mich nicht länger verstecken, weiter so tun als ob, ein Doppelleben führen. Ja, Krach machen wollte ich, einen Skandal heraufbeschwören, einen endgültigen Bruch. Und gleichzeitig merkte ich, dass ich noch die Alte war. So war ich immer gewesen. Immer ängstlich bedacht, dass es nur ja nicht zum Konflikt kam.

»Normal oder Eilsendung?«, wiederholte die Frau, während sie das Paket wog. »Die Leute warten.«

Das dürfe nicht kaputtgehen, erklärte ich. Sie sagte, sie habe nicht gefragt, ob es zerbrechlich, sondern ob es dringend sei.

»Eilsendung«, stotterte ich, die Fäuste ballend.

»Nein!«, heulte Gisèle mit noch kratzigerer Stimme auf.

»Sie müssen schon wissen, was Sie wollen!« Abfällig verzog die Schalterbeamtin den Mund.

Gisèle trommelte schluchzend gegen die Scheibe: »Geben Sie mir meine Mutter wieder! Das kann ich ihr nicht antun …«

»Sie sind hier nicht allein, Madame! Sie stehlen mir meine Zeit!«

Da brach es aus mir heraus, vollkommen beherrscht, aber sehr laut: »Dafür wirst du bezahlt, du Zicke! Du bist öffentlicher Dienst, also spiel hinter deiner Sprechmuschel hier nicht die Märtyrerin! Du gibst ihr sofort das Paket zurück, und zwar mit einem Lächeln, sonst zerballere ich dir deine Scheibe!«

So kam es, dass wir uns in der Gare de l'Est wiederfanden. Laut Anzeigetafel hielt der Zug nach München an jeder Station, auch bei der Tante im Elsass. Gisèle hatte sich von meinem Ausbruch noch nicht erholt. Sie zitterte, als hätte ich ihr das Leben gerettet. Und ich fühlte mich sauwohl. Ich rief meinen Mann an, er solle mit dem Abendessen nicht auf mich warten. Es gebe kein Abendessen, sagte er. Ich erklärte ihm, dass ich Gisèle mit der Urne zu ihrer Tante begleite. Ich könne mir die Ausrede sparen, sagte er. Na schön, sagte ich und hängte auf. Seine Phantasie auf Touren zu bringen, war das Einzige, was ich ihm noch zu bieten hatte. Und das erleichterte mich ungemein. Man brauchte sich eben bloß klarzuwerden, dass alle Männer Masochisten waren und ich ihnen einen Gefallen tat.

Es war später Abend, die Wagen waren schmutzig und trostlos, und Gisèle schwieg. Ich hatte auf der Post dermaßen geschrien, dass sie ihre Sprache noch immer nicht wiedergefunden hatte. Wir setzten uns in ein leeres Abteil, das nach abgestandener Luft und Käsefüßen roch. Sie saß mir, ihr Paket auf dem Schoß, gegenüber.

»Damit du's weißt: Ich klingele nur, übergebe das Paket, und ab geht es wieder«, flüsterte sie mir zu.

»Mach, wie du denkst.«

»Aber pack auch du nicht mit der Wahrheit aus.«

»Was schert mich deine Tante, Gisèle.«

Sie machte mir ein Zeichen, dass sie nur schnell etwas zu trinken holen gehe. Ich wollte ihr Paket übernehmen, sie lehnte aber ab und drückte es noch fester an ihre Brust. Ich war ihr zu unberechenbar. Der einzige Halt, den sie noch hatte, war ihre zu Asche gewordene Mutter.

Mit Rumpeln, Kreischen und klappernden Blechen rollte der Zug durch die schwarze Nacht. Mir war, als führe ich in ein Land ohne Wiederkehr. Vielleicht war es ja auch schön dort im Elsass. Abgesehen von der Île-de-France, kannte ich nur La Creuse: Mauern, ein Hof, ein Wanderweg. Das preisgünstigste katholische Internat, das meine Mutter hatte auftreiben können, zumal man ihrer Kasse dort eine Vergünstigung gewährte. Es war für meine Gesundheit das Beste, auf dem Land aufzuwachsen. So hatte auch meine Mutter ihr Leben. Und ich hatte mich all die Jahre über schuldig zu fühlen, dass ich mein Los beklagte, während es in dem stinkenden, dreckigen Paris so viele arme

Kinder gab, die mich um La Creuse beneidet hätten. Als ich eines Tages vom Dach des Refektoriums springen wollte und Gisèle mich davon abhielt, schwor ich mir, nie mehr ein Wort mit ihr zu sprechen.

Lärm schallte vom Gang her. Ich stand auf, um nachzusehen, aber ein Jugendlicher machte sich einen Scherz daraus, mir die Tür zuzuhalten. Er hatte den Karton von dem aufgerissenen Paket in der Hand. Und während ich mit Fäusten gegen die Glastür donnerte, sah ich, wie das kleine smaragdgrüne Gefäß durch die Luft flog und der Typ, der es geworfen hatte, mit höhnischem Grinsen Gisèles Handgelenke gepackt hielt. Nicht ein Laut kam aus ihrem Mund, und die langen Fingernägel nützten ihr gar nichts. Sie musste zusehen, wie die Kerle sich die Urne von einem zum anderen zuspielten. Bis sie herunterfiel. Das Porzellan zerbrach. Vierzig Gramm Henriette auf dem gerillten Gummifußboden.

Der Zug hielt. Einer nach dem anderen küsste Gisèle auf den Mund, dann gaben sie die Tür frei, gegen die ich trommelte, und stiegen im Laufschritt aus.

Gisèle, die Augen schreckensweit, bebte am ganzen Leib. Ich legte sie auf die Bank nieder, konnte aber keine Hilfe holen, weil sie Angst hatte, allein zu bleiben. Der Zug fuhr weiter. Nach einer halben Stunde erschien der Kontrolleur. Ich versuchte ihm zu erklären, was passiert war, aber er verstand nur Deutsch, und ich ließ es. Am nächsten Bahnhof stiegen wir aus, es war mitten in der Nacht. Wir gingen durch die Unterführung zu dem Bahnsteig in Richtung Paris gegenüber. In achtunddreißig Minuten musste ein Zug kommen.

Gisèle, den Kopf an meiner Schulter, schlotterte auf der Bank neben mir. Wie gerne hätte ich ihr von meinem Vater erzählt … Na ja, von dem Champagner überm grauen Grabstein. Aber ich legte nur den Arm um sie und wärmte sie in ihrem Kummer.

»Du schon?«, knurrte mein Mann, als ich die Tür aufschloss.

Er war im Schlafanzug, Kopfhörer auf den Ohren.

»Wir«, stellte ich klar.

Er verschwand im Wohnzimmer, und ich kochte Gisèle Nudeln. Während das Wasser siedete, hörte man ihn mit sich allein chinesisch sprechen. Er verheimlichte es nicht mehr.

Nachdem Gisèle gegangen war, setzte ich mich ihm gegenüber. Sein Puzzle hatte Fortschritte gemacht. Die Große Mauer war um ein paar Steine gewachsen. Ich nahm ein Eckstück und versuchte es in den Himmel einzupassen.

»Finger weg!«

Er nahm die Kopfhörer ab, wollte wissen, was ich von ihm wolle. Ich fragte, warum er Japanisch lerne.

»Chinesisch!«, verbesserte er mich gekränkt.

»Entschuldige.«

»Hast du mich noch was zu fragen?«

»Liebst du mich nicht mehr?«

»Wenn ich dich nicht mehr lieben würde, wäre ich längst abgehauen.«

Das stieß er so ernsthaft, so aufrichtig und mit einem solchen Schmerz in der Stimme hervor, dass ich vor dem Deckel des Puzzles saß wie gelähmt.

»Ich auch, Roger«, hörte ich mich sagen, »ich liebe dich auch noch. Nicht wie früher. Viel mehr vielleicht. Was weiß ich …«

In verdattertem Schweigen hockten wir voreinander, nachdem wir uns diese Geständnisse abgerungen hatten. Ich starrte auf seine zehn Zentimeter Chinesische Mauer.

»Aber«, konnte ich mich nicht enthalten zu fragen, »trotzdem hast du an Abhauen gedacht?«

Seufzend hob er die Schultern.

»Schließlich gibt es den Kiosk.«

Ich nickte stumm. Man stellt immer eine Frage zu viel.

Ich nahm die Dinge in die Hand. Was wir jetzt unbedingt brauchten, war eine Woche Urlaub, nur wir beide, und mal alles ganz weit hinter uns lassen. Da habe ich den Kiosk in Brand gesteckt. Eines Montags, um drei Uhr nachts, vermummt, mit einem Benzinkanister und einer Schachtel Streichhölzer. Es war nicht das erste Mal, dass Vandalen in unserem Viertel was anzündeten. Wir wurden bedauert, aber überrascht hat es keinen. Ich fragte bei der Versicherung an, wie viel wir gezahlt bekämen und habe acht Tage Djerba gebucht. Das beste Hotel, mit allen Schikanen. Es sollte unser Geschenk zum Hochzeitstag sein.

Roger, mit den Gedanken woanders, ließ mich machen. Er hörte nicht auf, gegen die Schweinehunde zu wettern, die ihm seine Arbeit geraubt hatten. Mit Absicht wählte ich den Flug am Donnerstag früh. Für uns sollte ein neues Leben anfangen. Die letzte Chance. Dass es mit uns so weit gekommen war, dass er sich in den Traum von einer Unbekannten geflüchtet hatte, lag alles nur an unserer idiotischen Arbeit, diesem abstumpfenden

Rhythmus, durch den wir dermaßen aneinandergekettet waren, dass er uns voneinander entfernt hatte. Ohne den Kiosk brauchte er keine Chinesin mehr. Seine Kopfhörer nahm er trotzdem mit.

Auf Djerba wollte ich eine andere Frau für ihn sein. Wollte ihm alles zeigen, was ich mir seinetwegen, ihm zuliebe angeeignet hatte. Die Hochzeitssuite war riesig, lauter Mosaike und Lederpuffs, und eine Terrasse mit Blick aufs Meer. Er wollte sofort baden gehen. Dann gingen wir ins Restaurant hinunter, Couscous bei Kerzenschimmer, aber er brachte nichts runter, weil ihm das Essen im Flugzeug nicht bekommen war. Ich fühlte mich ganz luftig und duftig in meiner paillettenbestickten Djellaba. Ich hatte Lust auf ihn, wie wenn ich ihn nicht gekannt hätte. Reden konnten wir nicht wegen der Musik, aber ich merkte, dass auch er erregt war.

Wieder im Zimmer, hat er Fieber gemessen. 39,5°. Fünf Tage hat er im Bett gelegen, mit Antibiotika, und seine Kopfhörer nicht mehr abgesetzt. Ich schaute ihm zu und sagte mir, dass es aus war. Die Perücke im Plastikbeutel in Paris fiel mir ein. Wenn sie hier an meiner Stelle wäre …

Dank der Reisekrankenversicherung flogen wir zwei Tage früher ab. Gesprochen haben wir so gut wie nicht miteinander. Im Flugzeug murmelte er:

»Ich weiß, dass du mich nicht mehr liebst. Du brauchst gar nicht so zu tun.« Ich wusste nicht, was ich dazu sagen sollte. Ich glaube, ich hatte angefangen, ihn wahrhaftig zu lieben, seit er mich mit der *Anderen* betrog. Aber wie sollte ich ihm das sagen? Ich hatte in seinem Leben schon genug zerstört.

Der Kiosk wurde uns neu hergerichtet.

Mein Mann magerte immer mehr ab, aber er sprach immer besser Chinesisch. Seine Familie sahen wir nicht mehr. Er ging weiter jeden Donnerstag ins Kino. Er lauerte nicht mehr auf dem Trottoir; er ging direkt hinein. Er hatte jede Hoffnung verloren, aber ihm war etwas Unzerstörbares geblieben: Er wusste, er war einem großen, für ihn zu großen Glück begegnet, und das erfüllte ihn ganz. Die *Andere* war verschwunden, ich aber existierte nicht mehr. Monsieur Jean, der wieder *Le Monde* bei mir kaufte, konnte noch so oft meine Fingerspitzen berühren, in mir regte sich nichts mehr.

Ich schleiche mich in das Kino und gleite lautlos auf den Platz hinter ihm.

Er zuckt zusammen. Ganz zart knabbere ich an seinem Nacken, von rechts nach links, von links nach rechts.

»Sie haben mir so gefehlt«, raune ich.

Im Dunkeln finden sich unsere Lippen. Ich schwinge mich über die Lehne, küsse ihn voll auf den Mund. Im Vertrauen auf meine exotischen Lidstriche, meinen blutroten Mund, auf meinen seidigen Puder und die Süße des Orchideenparfüms schließe ich die Augen und gebe mich zwischen zwei Sitzreihen diesem Unbekannten hin, unter dessen Liebkosungen ich vergesse, dass er mein Mann ist.

Keuchend fuhr ich aus dem Schlaf.

Ich lag auf der Couch. Allein. Ich sprang in die Höhe. Doch ohne aufzuhören, ergab sich die *Andere* im matten Filmlicht weiter der Liebe, schrie ohne Rücksicht auf die Zuschauer vor Lust mit einem Mann, dessen Namen sie nicht einmal kannte, wimmerte da am Fußboden zwischen Popcorn und Eispapier, gespannt wie ein Bogen, den Hals hintergereckt, so ganz und gar hingegeben, ach …

Ich war nichts mehr. Ich war es satt, allein zu sein. Ich war es satt, zwei zu sein. Ich war ihren Orchideengeruch satt. Ich stieß das Fenster auf, um zu springen, aber ich wollte nicht, dass sie gewann.

Als er nach Hause kam, gestand ich ihm, dass ich die Frau von der hinteren Reihe war. Als er nicht reagierte, beschrieb ich sie in allen Einzelheiten, nahm ihren chinesischen Akzent an und ahmte mich selber nach, damit er mich endlich wiedererkannte. Nur fühlte ich mich dabei ungeschickt, ungelenk, meine Stimme klang falsch; ich spürte, wie ich meine Auferstehung verhunzte.

Er sah mich an wie eine Fremde.

»Und seit wann spinnst du dir so was aus?«, fragte er eiskalt.

»Erster Kuss: 31. März.«

Entsetzen malte sich in seinem Gesicht.

»Du bist dagewesen? Du bist mir nachgeschlichen, von Anfang an hast du mich …«

Seine Augen flammten vor Mordlust. Und dann – aus. Sein Alltagsblick. Der Blick, der mich nicht sah. Er wandte sich ab, um das Zimmer zu verlassen.

»Hoffentlich hast du auch ganz genau hingesehen, als du uns ausspioniert hast«, warf er mir über die Schulter zu.

Ich hielt ihn zurück.

»Roger, das war wirklich ich. Du hast dich in deine eigene Frau verliebt, glaub mir.«

»Hör mit dem Quatsch auf! Endlich passiert mir mal was im Leben, eine echte Begegnung, eine große Geschichte, und du bildest dir ein, das könntest du mir mit deinen Hirngespinsten versauen? Denkst du, man braucht bloß einen Akzent nachzuäffen, und fertig? Meine arme Nina, nie im Leben kannst du einer Frau wie ihr das Wasser reichen … Wenn du wüsstest, wie sie Liebe macht …«

»Aber du hast nie Liebe mit ihr gemacht! Niemals! Das lügst du!«

»Red dir doch ein, was dir passt.«

Ich hörte die Wohnungstür zuschlagen, dann war Stille. Da ging ich und setzte mich auf den Stuhl von Gisèles Mutter, aber mir ist nichts passiert. Man kann nicht immer den Platz von jemand anders einnehmen.

In der Nacht konnte ich nicht schlafen. Wieder sah ich unsere erste Begegnung vor mir, die Kreuzworträtsel, die Einladung zum *Großen Preis*, und wie wir uns ganz einfach in die Arme gefallen waren und uns geliebt hatten und ich danach merkte, dass ich prompt schwanger geworden war. Ich lud ihn zu einem Essen bei Kerzenlicht ein, um es ihm mitzuteilen, ich zitterte wie in der Klosterschule vorm Beichten. »Du bist doch nicht etwa schwanger?«, fragte er. »Wärst du sehr böse darüber?« – »Na klar! Wer wird denn ein Essen mit dem Dessert anfangen!« Das kam aus ehrlichem Herzen. Anständig, wie ich war, habe ich das Kind wegmachen lassen, damit er sich nicht unter Druck gesetzt fühlte. Weder meine Mutter noch er wussten davon. Es hat mir weh getan, aber es blieb mein Geheimnis.

Und auf einmal begriff ich, dass dieser tiefsitzende Drang, Dinge ganz für sich zu behalten, daher kam, dass man sich in seinem Geheimnis geschützt fühlte, ohne sich schämen zu müssen, ohne vor den so vorhersehbaren Reaktionen der anderen Angst zu haben, vor ihren Blicken, ihren Vorwürfen, ihrem Mitleid, ihrer Nachsicht, der ganzen Überheblichkeit derer, die so gern »Ich an deiner Stelle ...« sagen.

Im Grunde ging es meinem Mann genau wie mir, nur dass wir unsere Geheimnisse nicht miteinander teilten.

Er kam seine Sachen holen. Er hatte sich in einem Hotel einquartiert. Ich wusste weder seine Telefonnummer noch seine Adresse. Wir trafen uns im Kiosk wie gehabt; die Öffnungszeiten blieben dieselben, unsere Kundschaft merkte keinen Unterschied. Er war energischer, das war alles. Und ich erloschen.

Eines Abends war mein Entschluss gefasst: Ich erwartete ihn am Ausgang des Kinos in der Aufmachung der *Anderen*. Sofort entdeckte er mich, von weitem schon. Wir blickten uns lange in die Augen, und mein karminroter Mund mit dem Lipgloss öffnete sich zu einem leisen Lächeln. Dann wandte ich ihm, meine Taille streichelnd, den Rücken und schlenderte durch die dunklen Pariser Straßen in Richtung Seine. Ich spürte, dass er mir, mit ein paar Metern Abstand, nachgegangen kam.

Ich langte an der Notre-Dame-Brücke an. Nur noch ein paar Meter, und ich würde mich auf der anderen Seite, auf dem Vorplatz der Kathedrale langsam umdrehen und im vollen weißen Scheinwerferlicht meine Perücke abnehmen. Dann mochte kommen, was wollte. Ob es nicht vielleicht doch ein Leben nach dem Tod der *Anderen* geben könnte?

Mitten auf der Brücke hörte ich meinen Namen rufen. Aufgewühlt blieb ich stehen. Er hatte mir also doch geglaubt. Oder er war nie drauf hereingefallen.

Tränen schossen mir in die Augen, ich fuhr herum. Aber es war nur ein alter Mann, der im selben Ton weiter rief: »Hierher, Nina! Bei Fuß!«

In Windeseile kam die kleine Hündin gelaufen und hüpfte ihm in die Arme.

Auf dem Gehsteig gegenüber legte Roger die Hände als Sprachrohr an den Mund und rief mir etwas auf Chinesisch zu. Nein, er wird die Wahrheit niemals anerkennen.

Da lief ich plötzlich los, blindlings, lief wie die kleine Hündin aus aller Kraft, immer schneller, die Treppe hinunter, die zum Ufer führt, sprang in die Seine und rief: »Papa, hier bin ich.« Zum ersten Mal in meinem Leben.

Als ich im Krankenhaus erwachte, saß er neben mir.

»Du hast mich gerettet«, murmelte ich. »Du, mein Liebster … Du bist mir nachgesprungen.«

Er ließ eine Weile verstreichen, dann sagte er in sachlichem Ton: »Nein, das war einer von einem Schleppkahn. Ich habe der Perücke nachgesehen, die in der Strömung davontrieb … Du bist am Leben. Und sie ist tot.«

Halb verletzt, halb glücklich lächelte ich. Die *Andere* hatte nicht umsonst gelebt. Mit ihrem Verschwinden hatte sie mir meinen Mann als einen Verwandelten zurückgegeben, nachdem sie mir geholfen hatte, die zu werden, die er sich ersehnte. Alles würde nun anders werden mit uns. Wir konnten ganz neu anfangen.

»Roger … diese Frau bin doch ich.«

Die Zähne zusammengebissen und die Augen voller Tränen, sah er mich an, dann senkte er den Kopf.

»Das werde ich dir nie verzeihen.«

Und er ist gegangen.

Das Diogenes Hörbuch zum Buch

Françoise Dorner
Die Frau in der hinteren Reihe

Ungekürzt gelesen von Anna Schudt

3 CD, Spieldauer ca. 234 Min.

Isabelle Minière
Ein ganz normales Paar

Roman. Aus dem Französischen von Ina Kronenberger

Benjamin und Béatrice sind ein ganz normales verheiratetes Paar und Eltern der kleinen Marion. Er Apotheker, sie Kinderbuchautorin. Doch als die beiden eines Tages einen Wohnzimmertisch kaufen, hakt es Benjamin aus. Er fühlt sich leer. Und allmählich dämmert ihm, was ihn so ausgehöhlt hat in all den Jahren der Ehe. Denn er entdeckt: Sie ist die Schönste, Intelligenteste, die ideale Mutter und Ehefrau – aber eine Tyrannin. Er ist nichts mehr, um des lieben Friedens willen, und er hat Angst.

»In *Ein ganz normales Paar* wird Isabelle Minière so wie Anna Gavalda in *Ich habe sie geliebt* besonnen und feinfühlig zur Verteidigerin des Mannes. Dieser kraftvolle und mutige Roman ist ein Manifest für den Frieden zwischen den Geschlechtern.«
Patrick Besson / Marianne, Paris

»Man erstickt genauso wie Benjamin und fragt sich, wie viel von Beatrice man an sich hat. Mit spitzer Feder führt Isabelle Minière vor, wie leicht Liebe und Macht zu verwechseln sind und wie Lektüre das Leben verändern kann. Unter die Haut gehend, ermutigend und anregend.« *Cosmopolitan, Paris*

»Es ist eine kleine Geschichte, die uns Isabelle Minière mit viel Fingerspitzengefühl und Witz erzählt. Eine ganz normale Geschichte von einem ganz normalen Paar. Virtuos balanciert sie entlang am Abgrund Psychokitsch.«
Katja Weise / Norddeutscher Rundfunk, Hannover

»Ein intensives Buch, das unter die Haut geht und hintergründig humorvoll ist.«
Silke Böttcher / Die Welt, Berlin